バズる！ハマる！売れる！集まる！

WEB
文章術

戸田美紀　藤沢あゆみ

日本実業出版社

プロローグ

　インターネットを語る時点で、文章はなくてはならないもの。何をするにも文章がメインの時代が続き、画像がメインになるコンテンツが生まれたのは、だいぶ後のことです。わたしがインターネット上で発信するようになったのは、パソコンで「メールマガジン」を読むようになったことがきっかけです。

　その頃のわたしは専業主婦で、体調を崩して自宅で療養中。何かしら家でできることはないかと、パソコンで検索していたときに見つけたのが、「ネットオークション」でした。当時はYahoo!オークション（ヤフオク）がメインで、楽天オークションが生まれた頃。まずは不用品を売ることを始め、携帯電話で写真を撮って、文章を書いてサイトにアップ。そのとき、商品説明の文章で落札価格に差が出ることに気づきました。**商品の良いことも悪いことも、使い方も、買った後にどうなるかということも、丁寧に書くほど落札価格は上がりました。**

　これが、わたしの最初の文章を書くことでの成功体験です。さらに楽天日記（ブログ）を書き始め、同時に楽天アフィリエイトも始めました。自分が使った商品などを記事のなかで紹介していくと、知らない間にポイントが貯まっていくのです。貯まったアフィリエイトのポイントは、全て楽天市場で使えます。専業主婦でしたから、食品も雑貨も全て楽天市場で買えることがうれしくて！　貯まったポイントを、温泉旅行に使うこともありました。

　自分の書いた文章で、読んでくれた人が商品を買ってくれる。オークションからアフィリエイトまで、**その成功体験は私に自信をつけてくれました。**そこから私はライターとなり、著者となり、講師になり、コンサルタントになりました。**全てはWEB上で文章を書いてきたから。**そんな経験を元にした「WEB文章術」について、ここから書いていきます。ぜひ、あなたも文章で夢を叶えてください。

戸田美紀

わたしがインターネットに出会ったのは、2000年のこと。

アパレルデザイナーとして働き、インターネットとは無縁の生活をしていました。ネットに目を向けたのは、人生の逆境に見舞われたから。

動脈瘤という病魔に襲われ、失業した上、結婚を考えていたパートナーとも離れ離れになり、多額の詐欺にあうという出来事が一度に起こりました。まさに転落人生。そこで、自分とは無縁だと思っていたインターネットに目を向けたのです。

全てを失い、傷心のわたしを見るに見かね、両親が当時40万円するノートパソコンを誕生日にプレゼントしてくれました。その気持ちに応えなんとかモノにしなきゃというプレッシャーもありました。

「ネットからキャッシュを生み出すんだ！」

何か仕事につながることはないかと、検索で見つけた恋愛相談サイトで回答を始めました。誰にも知られていないわたしは、文章を書くことで読んでくれる人にメリットを与えたいという思いをこめて投稿しました。その気持ちが通じたのか、お悩み相談が好評で、あゆみさんに答えてほしいと指名されるようになったことが、わたしの初めての成功体験です。

その後、恋愛のメールマガジンを発行し、10000人を超える読者さんに恵まれ、2003年に初出版。現在28冊の本を上梓しています。

恋愛相談に回答し始めたとき、出版するなんて思いもしませんでしたが、根拠のない確信はありました。

「こんなに喜ばれるなら仕事になるはずだ」

自分の文章を読んでくれた人の役に立ちたい、その対象は、20年間で掲示板に悩み相談をする１人から、本を読んでくれる10万人に変わりました。ですが、文章を書くときの気持ちは今も変わりません。

あなたは、自分の文章を読んでくれる人なんているだろうか、人に喜んでもらえたり、仕事になることなんてあるんだろうか、と思っているでしょうか。でもだいじょうぶ。これから、わたしたちが20年の経験でつかんだ「WEB文章術」を全てお伝えします。

あなたが、WEB文章術を身につけて、欲しい未来を手にされることを楽しみにしています。

藤沢あゆみ

バズる！ハマる！売れる！集まる！

「WEB文章術」
プロの仕掛け66

Chapter 3

ハマる文章を書くための SEO の決め手！
効果的な検索対策の方法を知ろう

Chapter 4

心をわしづかみにする WEB 文章術

◆ Chapter 5

人を動かす WEB文章術とタイトル

◆ Chapter 6

ファンを増やし続け、コミュニティを
囲い込む WEB文章術

Chapter 7

欲しい人にハマる！　なんでも売れる WEB 文章術

Chapter 8

SNS別ハマる WEB 文章術

◆ Chapter 9

WEB文章であなたの財産を築くために

エピローグ

◆巻末付録 「継続メソッド31」

①シリーズ化する ②投稿時間を決める ③書く時間を決める ④書く場所を意識して変えてみる ⑤書く対象（レギュラーメンバー）を決める ⑥写真を撮るクセをつける ⑦コミュニティ化する ⑧プロジェクトにする ⑨年間行事はネタにする ⑩季節ネタを拾う ⑪ながら書きをする ⑫趣味ネタを書く ⑬好きな人（ファン）推しがいるなら、そのことを書く ⑭自分のチャレンジを書く ⑮誰かの応援をする ⑯自分の気持ち（喜怒哀楽）を書く ⑰自分自身のことを書く（自己開示） ⑱検証をする ⑲読んだ本の感想を書く ⑳その日の「ありがとう」を書く ㉑下書き記事を増やす ㉒SNS仲間を増やす ㉓時事ネタを拾う ㉔ゲーム感覚で数字の目標を立てる ㉕SNSを通じて知り合った人に会いに行く ㉖いつもと違う行動をしたことを記事にする ㉗専門分野を持つ ㉘人やモノの紹介をする ㉙続けた先の未来を妄想する ㉚ご褒美を決める ㉛続けると決める

♣ Let'sチャレンジ！ ワークシート ♣

各Chapterの最後のページにワークシートがあります。Chapter1〜8「あなただけのワークシート」を、ぜひ作成してみてくださいね。本文の内容を振り返り、♣マークがついている文章や図などから選んだり書き出したりしながら完成させてください。

本文デザイン・DTP／木下芽映（bud graphics）

カバーデザイン／萩原睦（志岐デザイン事務所）

本文イラスト／横井智美

P156イラスト／藤原聖仁

編集協力／本多一美

Chapter 1

SNSは
やめればゴミ、
続ければ財産

SNSは宝探し、宝を見つければ
ゴミにはならない

「SNS」という言葉は、もう知らない人はいないのではないか、というくらい広まりましたね。日本では20年ほどの歴史があり、この20年の間に出てきては消えていったSNSが、たくさんあります。**改めて、「SNS」とはソーシャルネットワーキングサービス（Social Networking Service）の略で、登録された利用者同士が交流できるWEBサイトの会員制サービスのことを言います。**現在は無料のものと有料のものがあり、なかには招待制のものもあります。

今の日本で比較的使われているSNSと言えば、InstagramやTwitter、Facebookなどが有名でしょうか。WEB上の日記であるブログは、SNSの一つに括られないこともありますが、本書ではSNSの一つとして紹介していきます。

著者である2人は、多くのSNSを20年間、使ってきました。もちろん、今も使っています。今は懐かしいmixi（ミクシィ）から始まり、ブログやメールマガジンの黎明期を過ごし、ブログを中心とした各SNSを使い、今に至ります。20年前は、それこそ文字媒体のSNSしかありませんでしたが、次第に画像や動画の媒体も増え、様々なSNSの時代を見てきました。

◆ SNSは、宝の山から宝探しをする場所

わたしたちは、SNSは「宝の山」だと考えています。SNSにはたくさんの種類があり、自分にとって何が合っているのか、なかなか一目ではわかりません。もちろん、一つのSNSを始めたところで、一日二日で結果が出るわけでもなく、かけた時間が無駄だったと感じる人も多いです。よくいますよね。「○○はオワコンだ」と言っている人が（○○には、SNS

の名称が入ります)。これって、**自分が実際に始めてみたけれど、続かず
に結果が出なかった人が口にする言葉なんですよね。**

　では、どうしてわたしたちがSNSを宝の山だと感じるのか、「SNSのメ
リット」を書き出してみましょう。

- 手軽にコミュニケーションができる
- 交友関係や人脈が拡がる
- 気軽に情報発信や拡散ができる
- 興味や関心のあるコンテンツの情報収集に使える
- 自分自身の情報発信に使え、見知らぬ人に知ってもらえる
- プライベートから仕事まで、幅広く活用できる

　これらを総合すると、**SNSを上手に使えば、あなたが望む未来を手に
入れられる**ということです。わたしたちは、SNSを使うのは良いことば
かりだと考えていますが、逆に、SNSのデメリットについても触れてお
きましょう。SNSの最大のデメリットは「炎上」ではないでしょうか。現
在のSNSは誹謗中傷の温床とも言われていますし、一度炎上してしまう
と、なかなか消火することは難しいのが現状でしょう。この炎上に関して
は、別のChapterで詳しく触れますので安心してください。

　また、SNS上で間違った情報を目にして信じてしまい、さらに拡散し
て多くの人に迷惑をかけてしまう、ということもあるかもしれません。後
は、個人情報の流出でしょうか。InstagramやTwitter、Facebookはアカ
ウント名をつけられますが、Facebookは基本的に実名で登録することに
なっています。仕事で使う人はいいですが、身バレしたくない人にとって
は使いにくいSNSかもしれませんね。

　しかし、**デメリットに関しては、自分自身が注意することで、先に手を
打つことが可能です。**通常の発信で炎上することはそうそうないですし、
SNSで拡散されている情報を鵜呑みにせず調べるクセをつけることで、変
な拡散はしなくなるでしょう。個人情報も出す、出さないは自分次第です。
**デメリットを怖がってSNSを使わず発信せずにいることは、目の前に宝
箱があって開けるカギを持っているのに、ただ宝箱を見ているだけのよう**

なもの。もったいないですよね。

◆ WEB文章は、宝箱を開けるカギ

　SNSは、どれも基本は文字媒体です。画像や動画で発信をするにしても、文字の説明は必要です。だからこそ、WEB上で使う文章について学んでいただきたいと考えています。SNS初心者は、何から発信すればいいのか、どのSNSから使っていけばいいのか、どのSNSなら長続きするのか、それを探して見つけることは、宝探しのようで楽しいと思いませんか？　ここでは、**SNSには必ず宝物があると知っていただけるとうれしいです。**後ほど、なぜSNSを続けることが大切なのかをお伝えしますが、一旦、宝を見つけてしまえば、ザクザクと宝はたくさん出てくるようになります。

　どのSNSも、もちろんブログやメールマガジンも、「読んでもらえるもの」にすることで、それは宝物になります。先ほどもお伝えしたように、どのSNSから始めれば良いのかはリサーチが必要ですし、始めたとしても一日や二日では育ちません。ですが、宝の山から宝を見つけるために、見つけた宝箱を開けるために、この本でWEB文章を強化しませんか？**SNSを宝にするのか、ゴミにするのかは、あなた次第です。**

なぜSNSを続けることが 大切なのか

SNSを使って成功した人を、観察してみましょう。きっと、その人には歴史があるはずです。芸能人や有名人と言われる人でもない限り、3日や1週間で思うような結果が出た人はいないでしょう。**SNSは、育てるものですが、一朝一夕では育ちません。「育てるもの」と言ったのは、本当にコツコツと育てるものだからです。**

例えば、お花を咲かせたくて土に種を植えたとします。次の日に花が咲くことは、絶対にないですよね？　太陽の光に当て、毎日お水をあげて、たまには肥料をあげたりしながら、様子を見ます。すると、何日か経って芽を出します。そこからも同じようにお世話をして育てていくことで、いつしか花が開きます。

SNSも同じです。どんな花を咲かせたいかを考えるのは、どのSNSを使うかをリサーチすること。種を植えてお水をあげるのは、日々の更新やフォロワーを増やすこと。それを続けると、芽が出ます。**SNSで芽が出るということは、日々の更新に反応が出始めること。芽が出たらうれしいし、反応があればうれしいですよね。その繰り返しが、育てることになり、いつしか花が開き、望んでいた結果が出るのです。**

花によって、お世話の仕方によって、芽が出る時期も、花が咲く時期も変わってきます。「あの人の花のほうが早く咲いた」ということもあるでしょう。思ったよりも小さな花だった、ということもあるかもしれません。

大切なのは、途中でやめないこと。土に種を植えても、お水を毎日あげなければ、決して芽は出ませんし、出たとしても枯れてしまうでしょう。太陽の光に当てなければ、茎は伸びていきませんし、花も咲きません。SNSも、全く同じ。投稿しなければ、誰の目にも触れませんし、あなたのことを知ってはもらえません。花を咲かせたければ、誰かに知ってもら

いたければ、お世話をし続けること。それしかありません。

💎 いつ「認知」されるかは、「継続」にかかっている

　SNSを使って成功した人を、観察してみましょうと書きました。これに関しては「いつ認知されたのか」が、人によって全く違います。どのSNSを使うかでも変わってきますが、1ヶ月で認知される人もいれば、1年かかる人もいます。これが、宝箱をいつどうやって見つけたか、どんな風に育ててきたかで変わる部分です。ですが共通していることは、「継続」していること。これは間違いありません。ですから、あなたの気になる人のSNSを観察するところから始めてください。どのSNSを中心に更新しているのか。いつから発信を続けているのか、日々どんなことを発信しているのか、フォロワーは何人いるのかなど、見るべき箇所はいくつもあります。

　そして、真似できるところから始めてみましょう。最初からトップスピードで動く必要はありません。続けることが最優先事項ですから、続けられそうなSNSを選んで、投稿していきましょう。まずは3ヶ月、発信しませんか？　何を投稿していけばいいのかについては、後のChapterで詳しくお伝えします。

💎 「継続」は、「覚悟」であり、「自分との約束」

　では、どうしたら継続することができるのか。それは「覚悟」であり、「自分との約束」ではないでしょうか。人は他人との約束は守ろうとするのに、自分と約束したことは簡単に破りませんか？　人は、どうしても自分に甘くなる生き物なんですね。だから「続けよう」と決めても、何かしら言い訳を考えてやめることを正当化します。「継続する」と決めたら、覚悟を決めて、自分との約束を守ること。それが大切なのではないでしょうか。あなたの未来は、今の自分が作っています。小さなことからでいいので、自分の望む未来のために必要なことを自分で決めて、そのために行動しませんか？　それがきっと、「覚悟を決める」ことにつながるのだと思います。

　これもよく言われることですが、「諦めたら、そこで終わり」です。種を植えても水をあげなければ芽が出ないように、SNSも途中でやめてしまったら、何も生まれません。それって、シンプルなことなんです。SNSだけでなく、仕事も夢も、人生も。一度「やってみる」と決めたら、3ヶ月は夢中で続けてみてください。きっと感じること、わかってくることがあるはずです。

　後ほど詳しく書きますが、戸田の場合、**ブログを書き始めて3ヶ月ほどで収益が上がりました。**まだTwitterもFacebookもない時代です。まだSNSがどういうものかもわかっていませんでしたし、SNSから恩恵があることも知りませんでした。ですが、**一つだけ決めていたことがあります。それが「やめないこと」でした。**媒体は変わっても、発信はやめないと決めて、日々の更新を続けていました。これは夢中になって続けたことへの恩恵だと思っています。続けていなければ、絶対に手に入らなかった結果ですから。あなたも、自分との約束を守って続けてみませんか？

大切なのは途中でやめないことです

SNSで芽が出るということは
日々の更新に反応が出始めるということ
反応があったらうれしいですよね
SNSは本当にコツコツと育てるもの
いつしか花が開き望んでいた結果となるように
育ててくださいね

続けた人にしか見られない、
あなただけの景色を見よう

◆ 戸田のSNS体験談

　わたしが初めて「ブログ」というものを知ったのは2004年、楽天ブログ（当時は楽天日記）でした。「インターネットなんて怖い」と思っていたわたしが、数ヶ月後にはブログつながりの人と実際にお会いしていました。それも、猫つながりで！　しかも当時は日本にアフィリエイトが入ってきた頃で、ブログからアフィリエイト収入を得るという小さな成功体験を積むことができました。**もし「怖い」と思って楽天ブログを始めていなければ、得られなかった経験と収入です。**

　今も書いているアメーバブログ（アメブロ）は、2009年3月から。知り合い数人から「これからはアメブロだよ」と言われ、なんとなく始めました。ですが、このなんとなく始めたことが、間違いなく転機になりました。

　そう思うのは、ブログを始めていなければ、わたしの今の姿は微塵も想像できなかったからです。**ブックライターであることも、著者であることも、講師であることも、コンサルタントであることも、全てはブログから始まりました。**

　2009年当時、わたしはすでに「フリーライター」として活動をしていたので、ライターであることを認知されたいと考えていました。そのために、できることはなんでもやりました。記事を書くこと、フォロワーを増やすこと、多くのブロガーさんとつながること、実際に会える人には会いに行くこと。その結果、先ほども書いたように**アメブロを始めて3ヶ月後にはライターとしての収益が上がりました。**

もちろん最初から高額な報酬だったわけではありません。それでも、ブログから何かしら反応があるとうれしいもの。記事を書き続けるモチベーションになりますよね。わたしはさらに、ブログにのめり込みました。ブログを書き続け、新しく生まれてきた様々なSNS、TwitterやFacebook、Instagramなどを自分のメディアとして育ててきたことで、わたしが受けた恩恵を紹介します。

> ライターの仕事が軌道に乗った
> ライター以外の仕事（企画、イベント、セミナー講師、講演、コンサルティング）が激増した
> 書籍を出版した
> ブログを書いていなければ、会えない人に会えた
> 一生つき合っていける友人ができた
> メンターができた
> 収入が思った以上に増えた
> 「ファンです」と言ってくれる人ができた
> 自己開示できるようになった
> 文章力がアップした
> 自分の強みがなんなのかがわかった
> 人の応援ができるようになった
> 自由に動けるようになった
> 毎年、海外に行けるようになった

これらは、ほんの一部で、まだまだ出すことができます。ブログやSNSを続けることで、わたしは想像したこともない、見たこともない景色を見ることができました。

これは、わたしだからできたことではありません。**諦めずに続けてきたから、見られた景色です。**たまたまわたしの目的は「ライターとして認知されること」でしたが、なんでもいいと思うんです。お友だちが欲しい。好きなことを共有できる人とつながりたい。自分の作品を買ってほしい。いつか出版したい。自宅サロンをオープンしたい。趣味を仕事にしたい。全て叶います。諦めなければ、続ければ叶います。

♦ 継続も、まずは習慣化から

　もしかすると、SNSは自分には向かない、ブログを書くことはハードルが高い、そんな風に考えている人もいるかもしれませんね。もちろん、人によってはSNSに対して向き不向きがあります。そういうわたしも、InstagramやTwitterには情熱が向きません。動画も然り。ハードルが高いと感じてしまいます。

　多くのSNSツールに触れてきて一番ダメだと思うことは、やっぱり中途半端にしてしまうことですね。これはSNSに限ったことではないですが、何かを始めようと思っても、だいたいつまずくのが3ヶ月だと言われています。習慣にできないからですね。まずは習慣にするために、以下の要領で始めてみましょう。

▼まずはリサーチ

　やってみようと思えるSNSをリサーチしてみましょう。無料で始められるものか、有料か、使いやすいアプリか、文字ツールか、画像ツールか、投稿しやすいかなど、いろいろと調べてみましょう。

▼10個、投稿してみよう

　文章でも画像でも、まずは投稿するという作業に慣れることが大事。最低でも10個は投稿してみないと慣れないでしょう。慣れてしまえば、意外と続くことも多いものです。

▼続けられそうなら、仲間を増やそう

　1ヶ月はいけるかも？　30個は投稿できるかも？　と思ったら、周囲の人に知らせてください。同じSNSを使っている人も意外と多いでしょうから、お互いにフォローし合うこともできるはずです。

　しっかりリサーチをして、自分の目的がハッキリしていると、継続できる人も多いです。ハードルが高いと感じている人も、**自分の望む未来のために、やらないよりはやったほうが絶対にいい。**経験上、そう思います。ぜひ、第一歩を踏み出してください。

あなたがSNSを続けられない
本当の理由

　これはきっと、様々な理由があるのではないでしょうか。細かい部分は後ほど出していくとして、根本的な理由は、「SNSを信じていない」ことでしょう。心のどこかで、「SNSを続けてどうなるの？」「ブログを書き続けて何があるの？」という気持ちがあるからです。人はみな、見えないものを信じようとしません。自分に自信がない人もそうですね。自分の未来を信じられないから、自信が出ないのです。どこかに「自分なんて」という思いがあるのかもしれません。

　実際、わたしもそうでした。「mixi（ミクシィ）って何？」「ブログってどんなもの？」「Facebookは実名で怖い」「Twitterの140文字って、意味あるの？」と、新しいSNSが生まれる度に、否定的に受け止める自分がいました。ですが、**自分だけの考えなんて思い込みに過ぎないかも！？**と考え直して、「とりあえずやってみよう」と食わず嫌いの自分を封印しました。だって、先に始めた人たちは、あんなに輝いて活躍している！楽しく発信している！　だったらきっと意味があるんだよね？　と。

10人が同時スタートしたら、1年後に残るのは何人？

　例えば、10人が同時にSNSを始めたとしましょう。1年後に継続できているのは何人だと思いますか？　実は、面白いデータがあります。

　1ヶ月続く人は、5人。
　3ヶ月続く人は、3人。
　1年続く人は1人、もしくはゼロ。

　なんと、1ヶ月も続かない人が半分もいることに驚きます。「自分には

合わない」と即座に感じた人なのかもしれませんね。3ヶ月になると、もう半分以下です。そして、1年続く人は1人！ しかも、いないかもしれない、というデータです。

　この結果を見て、あなたはどう思うでしょうか。今、SNSで活躍している人、結果を出している人は、統計上の1人だったわけです。「**それほど続けることは難しいんだ**」と感じるのか、「**じゃあ、自分はその1人になろう**」と思うのか。あなたは、どちらですか？

💎 あなたにも当てはまる？　SNSが続かない理由

なぜ、SNSが続かないのか。その理由はいろいろあるでしょう。

- モチベーションの問題
- 本業が忙しい
- ネタが続かない
- 文章力の問題
- 目的が曖昧
- 目標が高い、もしくは完璧主義
- 未来が描けていない
- やめないことを決めていない
- さぼりグセがある

　理由としては、これらがあげられるでしょうか。もっとあるかもしれませんが、これらがあることは間違いないと思います。ブログ一つをとっても、続かない理由はたくさんあります。複数のブログを運営している人は力の入れ方が散漫しますし、ブログのテーマが「集客」だけだと、結果が出ないと心が折れます。アフィリエイトブログも結果が出るまで時間がかかるので、続かない人が多いです。1記事がとても長いと、書ける間はいいですが、一旦止まってしまうと再度動かせない人もいますね。また、しっかりとネタ出しをしておかないことで、ネタ切れになった時点で更新が止まってしまう人も。

　このような実質的な問題も多々あるかもしれませんが、10年以上、ブログやSNSのコンサルティングを続けてきて感じるのは、SNSが続かな

い人の傾向としては、文章力であるとか、本業が忙しいという理由よりも、やはりマインド、モチベーションだと感じています。

マインドの部分は、最初に書いた通り、とにかく信じることです。SNSを続けることで、見たことのない景色を見ることができるんだと信じること。続けられる自分を信じること。そこからがスタートです。

もう一つ、あなたができない、続かない原因が、「実質的な理由」なのか「ただの言い訳」なのかを見極めましょう。かつてのわたしは、言い訳の天才でした。お金がないから、子供が小さいから、夫が忙しいから、体調が悪いからなど、多くの言い訳を並べていました。もちろん、そのときのわたしは正当な理由だと信じているわけです。あるとき、人生の先輩に諭されることがありました。「あなたに足りないのは、覚悟だよ」と。できない言い訳ばかり並べるわたしに、その先輩は「このままではダメだ」と思ってくださったのでしょう。そのことに気づいたときに、わたしは自分のあらゆる状況を自分事として引き受ける覚悟を決めました。それと同時に、人や環境のせいにすることも、愚痴を言うことも、一切やめました。

たかがSNSでそこまで？　と感じるでしょうか。ですが、これはSNSだけの問題ではない気がしています。何かを始めても続かない理由が、実質的なものなのか、言い訳なのか、それがわかるだけでも、対処法を考えられると思いませんか？　人は、できない理由、やりたくない理由を考えるほうが簡単だし得意ですが、本当にやりたいこと、続けたいことがあるときは、できない理由よりも、できる方法を見つけたほうが建設的です。

わたしは、この思考を変えた頃から、できない言い訳を思いついたときに、「あれ？　今できないって思ったよね？　どうしてできないって思ったんだろう？」と立ち止まることを習慣にしました。すぐに習慣化できたわけではないですが、そう考えることを何度も繰り返すうちに、できない理由よりも、できる方法を常に考える思考に変わっていきました。人生は、できないことよりも、できることが多いほうが楽しいもの。自分や未来を信じて、できることを増やしていきませんか？

永遠にネタ切れしない方法

　ここでは、SNSやブログが続かない理由の一つして圧倒的に多い、「ネタ切れ」について考えてみましょう。**ネタとは、コンテンツです。あなたがSNSやブログで発信していく内容ですね。**ネタがないと、発信はできません。目的があって、SNSやブログを始める人は、コンテンツをしっかりと書き出してください。あなたが思っていること、やりたいこと、欲しいもの、どんなお客様に来てほしいのか、得たい結果など、たくさんあるはずです。コンテンツはキーワードとして出していくのが良いのですが、このキーワードの出し方についてはChapter2で詳しくお伝えしますので、ここでは日々のSNSへの更新でネタ切れにならない方法を紹介していきましょう。

　まずは、ノートにペンで書き出すのでも良いですし、パソコンに打ち出すのでもかまいません。**SNSの大きなテーマを決めてください。**戸田のSNS体験談のところでも書きましたが、テーマは大切です。テーマは目的と考えてください。SNSで、お友だちが欲しいのか。好きなことを共有できる人とつながりたいのか。自分の作品を買ってほしいのか。いつか出版したいと考えているのか。自宅サロンをオープンしたいのか。趣味を仕事にしたいのか、などですね。**大きなテーマが決まると、あなたの目的に合うSNSがわかってくるでしょう。**ブログが良いのか、メールマガジンが良いのか、Instagramが良いのか、Facebookが良いのか、それぞれの合せ技が良いのか、というところです。

ネタの出し方、考え方、分け方

　それが決まったら、あなたが何を書きたいか、何を発信したいのかを考えましょう。発信する内容を考えていくときに、わかりやすいテーマの分

け方の基本を紹介しておきます。

自分自身のこと

・好きなモノ、こと（趣味）

・今の仕事への思い

・今の仕事をやるきっかけ

・過去の仕事歴

・常に考えていること、こだわり　　　etc.

あなたが活動している感の出るもの

・何かを企画した

・企画の準備をしている

・セミナーやイベントなどへの参加

・現仕、何かを作っている

・積極的に人に会っている

・現在、がんばっていること　　　etc.

あなたの商品やサービスを知ってもらうため

・いつから始めたのか

・何が好きで作り始めたのか

・何に影響を受けたのか

・何年続けてきたのか

・誰に届けたいのか　　　etc.

あなたの商品やサービスを欲しいと思ってもらうため

・商品やサービスの特徴

・商品サービスの良さをアピール

・お客様の声

・生徒さん、お客様の様子を伝える

・オフ会やランチ会の様子を伝える　　　etc.

プライベートな情報

・家族の話

- ・休日の話
- ・あなたの失敗話
- ・ペットの話
- ・食事の話　　　etc.

◆ **自分のなかでは当たり前になっていること**
- ・長年やり続けていること
- ・人から褒められること
- ・自分の特技
- ・時間を忘れて取り組めること
- ・大好きでやめられないこと　　　etc.

◆ **ニュースや時事ネタ**
- ・本や新聞を読んで引っかかったこと
- ・駅や電車などで見かけた広告で感じたこと
- ・誰かに聞いた話で興味を持ったこと
- ・興味を持った人を紹介する
- ・季節ネタやニュースに、自分のことを絡める　　　etc.

　どのテーマも、必ず書けるはずです。一つずつ見ていくなかで、いくつ書けるネタを思いつくのか、どのSNSに投稿すると、あなたと相性が良いのかを考えましょう。考え方としては、画像があるほうが読み手に伝わるものは、画像ありきのSNSがいいですね。

　面倒でも、この分けたテーマごとに発信したいことを書き出しておけば、ネタに困ることはありません。面白いことに、投稿したものに反応があれば、そこから新しいネタも出てきます。それを繰り返していけば、日々の投稿に困ることもなくなります。

　忘れてはいけないのは、分けたテーマに関しては全てフォロワーに信頼されることを意識したものであること。SNSは、あなたが信頼される場所にすることが主な役割で大切なことです。ですから、**決して嘘は書かないこと。**少し盛ったり、大げさにアピールするのはいいかもしれませんが、嘘はつかないようにしましょう。建設は死闘、破壊は一瞬です。

あなたのお客様になる人が喜ぶネタとは

　発信する内容を考えるときに、あなたのお客様になる人、生徒になる人、仲間になる人に対して、何を発信すれば喜んでもらえるかも考えましょう。あなたが誰かのSNSをフォローする基準はなんでしょうか。お得感ですか？　知識を得られるからですか？　発信内容が面白いからでしょうか？　単純にファンだから？　そこには必ず理由があるはずです。ではあなたは、フォロワーになってほしい人に、何を発信しますか？　お得だと感じてほしいのか、知識を得てほしいのか、クスッと笑ってほしいのか、ファンになってほしいのか。自分の立ち位置と考えても良いかもしれませんね。そこをじっくり考えましょう。**喜んでもらいたいという内容が決まれば、「テーマ×発信内容」も自ずと決まり、ますますネタ出しする内容が明確になります。**すぐにはできないかもしれないですし、時間もかかるかもしれないですが、「永遠にネタ切れしない方法」、ぜひ試してください。

　Chapter2では、読む人にササる文章を書くための、本格的なキーワードの出し方をお伝えします。引き続き、一生困らないネタ出しをしていきましょう。

Chapter 1 ワークシート

【ワーク1】
♣マークの1〜12の太文字表記の本文のなかから、あなたが「ピーンときた！」気になった番号を書き出してみましょう。（いくつでもOKです）

【ワーク2】
ワーク1で書き出してみて、今あなたが感じていることを、そのままあなたの言葉で表現してみてくださいね。

Chapter 2

バズるよりハマる！
キーワードが
見つかれば文章は
書けたも同然

バズらなくても、
狙った人にハマればOK！

Chapter1では、SNSを始めることの意義、続かない理由、どうすればSNSを更新し続けられるのかをお伝えしました。Chapter2では、WEB で文章を書くためのキモ、100個のキーワードを出す実践方法と、バズる以上に大切なハマる文章と、なぜハマる必要があるのかをお伝えします。

「バズる」とは、どんな状態を指すのでしょうか。 たくさんの人に拡散され、大きな反響が起こり、Twitterのトレンドキーワードランキングに入ったり、ネットニュースに取り上げられる現象が起これば、バズったと言えるでしょう。

では、何アクセス、何いいねからバズったことになるかと言えば、ハッキリした指標はありませんが、数千、数万いいね、リツイートされたらバズると言えるようです。

■ Twitter トレンドキーワードランキングの画面

バズるという言葉は、英語のBUZZから来ているそうですが、BUZZは蜂のブンブン飛ぶ羽音や、ブザーのなる音を指します。確かに、いきなり騒がしくなる状況を上手く表しています。この状態を最初に「バズる」と命名した人は、言葉をバズらせる天才ですね。

わたしも、何度かバズった経験があります。数万アクセスを集めたのは、X JAPAN、エドシーラン、松田聖子さんなど著名人にまつわるエピソードを書いた記事でした。数千アクセスを集めたのは、頑張るを顔晴る、お金の単位に円ではなく縁を使う当て字に突っ込んだり、スタイルアップの実践方法の記事でした。

さて、バズった記事には共通点があります。それは、**自分の仕事に関係がない記事ということ。では、バズっても意味ないじゃんと思いますか？ ノー問題。バズる記事とは、そんなものです。**

本業でバズらなくてもいい理由

あなたが、自分のセミナーにお客さんを集めるために、ブログを書いていたとします。あるとき、あなたの書いたブログ記事がバズって5000アクセスを集めました。これでセミナーに5000人が来てくれる！ ラッキーだと思いますか？ 5000人セミナー！ 日本武道館で開催しますか？

本業のことを書いた文章は、本当に来てくれる人だけにハマればOKなんです。バズるに対して、ハマるとは、自分はこれを求めていた！ と、申し込みボタンを押してもらえるのがハマった状態です。

では、バズることに意味はないのか？ 結論から言うと、あります。**自分の書いた文章がバズれば、自分のことを知らなかった人が自分の存在を知ってくれるからです。**自分が開いているお店のなかにまでは入ってこないけど店の存在を知ってくれたり、店の前で多量にまいたチラシを受け取ってくれたみたいな意味があるということです。

◆ バズからやってきた人を確実にハマらせる方法

　バズってくれた人をいかにして自分にハマらせることができるか。バズったことをきっかけにブログを見にきてくれた人が、たまたま自分の仕事の記事をついでに読んでくれて、そのなかの一文がササって、サービスに申し込んでくれる、これは十分起こりうることで、わたし自身も何度も経験しています。

　思いがけずバズったら、その周辺にあなたのプロフィール記事や、本業に関する記事もしっかりアップしておきましょう。さらに言えば、**バズった記事と、本業の記事のササるポイントに共通点があると最高です。**

　わたしでいうとバズった著名人のエピソードと、コンサルティングや恋愛メソッドには人間に対するフラットな視点という共通点があります。記事がバズったら、その記事の最後に、自分が提供しているサービスへのリンクを貼っておきましょう。著者なら、自著のAmazonリンク、サービスを提供しているなら販売ページ、バズ記念無料サービスをリリースして自分のサービスを知ってもらう機会を作るのもいいでしょう。何千、何万人という人が見にきているのだから、ここで自分のサービスにたどり着いてもらうチャンスをつかまなきゃもったいないですよね。

　実は、X JAPANの記事から、自分のコンサルティングやオンラインサロンに来てくれた人が何人もいます。そして、Twitterで趣味の記事がバズったのをきっかけに、仕事に関する記事にも「いいね」してくれるアクティブユーザーが増え、Twitterが活性化しました。

◆ 実は細く長いバズ効果

　バズる記事には意外なメリットがあります。毎月、月の初めに、自分のブログのなかでどんな記事がアクセスされたのか、Google Search Console Teamから、前月の検索パフォーマンスという件名でメールが届きます。それによるとエドシーランの記事、スタイルアップの記事は何年、何ヶ月も前の記事ですが、いつもトップ5に入っています。**バズるのは一過性だというイメージがあるかもしれませんが、実は、一度バズった記事は、何**

年も何ヶ月も前の記事であっても、息が長くアクセスされ続け、読まれ続けているということです。

　バズることはきっかけ。狙ってできるものではありません。当てにしすぎず、どんなテーマを選んで、どんな言葉を使って、どんな文章を書けば、あなたが来てほしい人に届くのか、それを日夜考え、工夫し続けましょう。

　バズったら、ササらせて、ハマってもらう。このフォーメーションを目指しましょう。実は、せっかくバズってもハマらせる準備ができていなくて、一過性で終わってしまうことが多々あります。**大切なのはバズを狙うことよりも「バズるをハマる」に変える準備をしておくことなのです。**

Google Search Console Team からの検索パフォーマンス画面

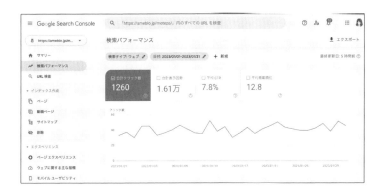

キーワード 100本ノックで、ハマる文章が書ける人になる

　バズを狙う以上に大切なことは、どんな言葉が、自分の来てほしい人にササるのか？　そこを追求することです。来てほしい人にササる言葉を見つければ、その人に確実にハマる文章を書くことができます。すごく当たり前のことのようですが、これが難しいのです。**あなたは、自分の来てほしい人が、どんなことに興味を持っているのか、把握していますか？**

　テーマがファッションだとしましょう。ファッションと一口に言っても様々ですよね、メンズなのかレディースなのか、どんなデザインなのか、どんな年齢層のファッションなのか、プチプラなのか、ハイファッションなのか、オーダーメイドなのか既製服なのか、もう限りがありません。

◆ ハマらせたい1人を徹底的にプロファイルせよ！

　最初に、あなたの文章や、サービス、発信にハマってほしい人を1人イメージしてください。その場合、想像もつかない憧れの人よりも、自分とどこか共通点のある人を選んでください。

　自分とは趣味が違うけど、今、自分にハマってくれているのはこの人という具体的なターゲットが明確なら、好みを多少理解しているはずです。その人に、あなたがファッションというテーマで書いたブログを読んでもらうとしたら、どんなことについて記事を書きますか？

　ブランドかもしれないし、デザインかもしれない、オススメアイテムかもしれない、どんなときに着るのか、ある1人の人にファッションというテーマで記事を書こうと縛りを決めると、書けることが無限にあると気づきます。

　不思議なもので、どんな人に、どんなジャンルのことを伝えるのか、伝える人や伝えることを狭くすればするほど、あれも伝えられる、これも伝

えられる、とアイディアがわいてくるのです。なんでもいいよと言われたら選べなくなることってありますよね。

深掘りと横展開

わたしの場合、自分と同じくらいファッションが好きな人は多くはないけど、おしゃれ好きで洋服をリメイクする趣味には興味を持ってくれる人は結構いる印象があります。その場合、ファッションのなかでも、おしゃれを楽しむ提案をすれば、ファッションマニアの人も、リメイクに興味がある人も見てくれるかも？ と思い、「おしゃれを楽しむ100の提案」、をやってみたくなりました。このように、ファッションというテーマから波及したさらにしぼり込んだ新たなテーマを深堀りしていくのも面白いですよね。

ファッションというテーマから波及していく、もう一つのパターンは、まず、ファッションについてもう思いつかないと言えるほどキーワードを出したら、次に、日常をイメージすることです。その人はどんな趣味を持っていて、どんなエンタメに興味を持っているのか？ どんな本が好き？ 性格はこんな感じ？ スポーツは好き？ 好きなお店は？ 音楽は？ とイメージしていくと、人物像が明確になってきます。

これは、机上で考えていても難しいかもしれません、あなたがイメージしている具体的な誰かがいるなら、その人のInstagramやブログ、Facebookなど、その人の日常を垣間見ることができるSNSをチェックしてみましょう。最近読んだ本や、見た映画の話、ハマっているスイーツ、好きなアーティストのライブに行った話など、実在する人の日常から、キーワードのヒントをもらうのもオススメです。

キーワードは目標100個！

目標100個、キーワードを見つけましょう。100本ノックです！ 100という数字には、わたしなりに根拠があります。**伝えたいことについて、100個も語れる人になれば、あなたはその世界のプロになる一歩を踏み出したも同然。**文章や出版、メディア作りの相談を受けるようになったとき

からずっと100のキーワードを出すことをオススメしています。

　一番いいことは、100個のキーワードを準備してから発信を始めたら、発信することに迷わなくなるという点です。ハマってほしい人を明確にイメージして、その人に伝えたいことを100個用意してから発信を始めたら、あなたは間違いなく狙った人にハマる文章が書ける人になれるでしょう。

　一つのテーマについて100個も語ることができたら、その分野で出版できる可能性も出てきます。実際、わたしが主宰する出版の塾に参加して、出版を叶えた人がいます。彼女は当初出した100個のキーワードでは出版が決まりませんでしたが、その後、違ったテーマで出版が決まりました。彼女が初めて100個のキーワード出しにチャレンジしたときは，わたしがサポートしてかなり苦労していたのに、2回目は1人で数日で出せたのです。**100個のキーワード出しは、一度経験すると、コツがつかめて、どんどん出せるようになります。**

　今回は、100本ノックを受けるように、とにかく100個しぼり出してでもキーワード出しをやってみる提案をしました。これから、100個のキーワードを的確かつ効率的に出す、様々な方法をお伝えします、あなたに合った方法で出してみてください。

ハマるキーワードを
類語辞典でも調べてみる！

　自分のためのキーワードを出すとき、そしてキーワードを出すことが大変なときの、強い味方がいます。それが、「類語辞典」です。ボキャブラリー（語彙力）の量は人によって違いますし、常日頃たくさん本を読んでいる人でも、たくさんボキャブラリーがあるかと言えば、そうではないでしょう。**キーワードを出すときや、ブログやSNSを書くときに、「どんな言葉を使うと的確に伝わるだろうか？」と悩むときには、類語辞典を使ってください。**

　ボキャブラリーが豊富だと、アイデアもわきやすくなりますし、良い文章が書けるようにもなります。もちろん、長い目で見るとボキャブラリーを増やすには読書は必要不可欠なのですが、これは時間もかかりますので、ここでは「キーワード出し」のために、**類語辞典を使うという選択肢を持っていただけたらと思います。**

WEB上でも、アプリでもOK！

　類語辞典は、もちろん辞書として紙媒体のものを持っていただくのも良いですが、WEB上にもいくつか検索すると出てきます。有名なところでは、「シソーラス類語辞典」「goo類語辞典」「ラッコキーワード」などでしょうか。アプリもあります。角川や三省堂などの書店のアプリがありますので、検索して使うのもいいでしょう。

　類語辞典は、一つのキーワードを入力すると、同じ意味の言葉をいくつも紹介してくれますから、使いたい言葉を増やせるだけでなく、単調になりがちな文章を新鮮にしてくれます。プラス、類語辞典を何度も引くことで新しい単語に触れることになるので、語彙力も養われます。辞書だから

と敬遠しないで、「この言葉には他にどんな言い方があるんだろう？」と、好奇心を持つといいですね。そして、自分が使いたいと思う言葉（ハマるキーワード）に出合ってください。

　類語辞典を使いこなせるようになると、ブログやSNSで発信する言葉も変わってきます。フォロワーに、より伝わる文章が書けるようになるからです。例えば、伝えたい相手が、若い世代か、年齢層が高い場合でも使う言葉は大きく変わります。いくつかあげると、「ジュエリー」だったら「貴金属」、「アパレル」だったら「洋服」、「キッチン」だったら「台所」、「プリントアウト」だったら「印刷」など、細かいことかもしれませんが、あなたが伝えたい年齢層に合わせた言葉を使うことは、とても大切なことです。せっかく読んでもらっても、言葉の意味が伝わらなければ、そこで終わりですから。

　また、ボキャブラリーを増やすメリットに、「文章に表情が出る」、「文章にリズムが生まれる」ということがあります。こちらも例をあげると、類語辞典で「動詞」をたくさん出すのです。動詞を上手に使いこなすと動きがよくわかるので、読者が場面を想像しやすくなり、共感してもらえるようになります。とくに意味の広い動詞は、使い分けるようにしましょう。例えば、「絵を見る」という文章なら、

- じっくり眺めている
- 瞳に写している
- 真剣に見つめている

など、いくつかのシチュエーションがありますよね。動詞の選び方で、文章も変わってきます。ただ見ているだけなのか、感動しているのか、技法を盗もうとしているのか、様々な想像ができます。「文章をふくらませる」という意味でも、いろんな動詞が使えるようになると強いです。**文章を書くときに、常に「他にどんな言葉があるかな？」「違う表現方法はないかな？」と意識するようになると、ボキャブラリーも増え、文章力が上がると覚えておきましょう。**

シソーラス類語辞典の
画面

goo 類語辞書
の画面

ラッコキーワード
の画面

ラッコキーワードの
類語・同義語の画面

バズるよりハマる！　キーワードが見つかれば文章は書けたも同然

Section 9

キーワードは常にオーディション

　文章が書けないと悩んでいる人の話を聞くと、文才がないから書けないのだと思い込んでいる人が多いです。実は、文章能力があるかないかが問題ではありません。**文章能力以前に、何を書いていいかわからないから書けないだけなのです。**

　何を書いていいのか迷っているうちに、書ける自信を失ったり、面倒くさくなって、やっぱり書けない！　となる。**100個のキーワードを出すことは、あなたの書けない！　を、一気に解消してくれます。100個のキーワードを出せたら、もう書くテーマに迷いません。**

　あなたが、いつかは出版したいと思っていて、書きたいジャンルが明確にある場合はもちろん、まだ、どんなことを書きたいのか決まってないし、出版までは考えていないけど、**文章を書くことを好きになりたい、**のびのび書いてみたい、そんなあなたもぜひ、100個のキーワード出しをやってみてください。

　まだ書きたいテーマが定まっていないあなたは、思いつくまま100個出すのもOKです。

書けそうなことから書けばいい！

　実は、提案しておいてこんなことを言うのもなんですが、ちょっと無理があるかも、と思うことが一つあります。それは、本の目次のように100個のキーワードを最適な順番に並べて出すことです。文章を書くことに慣れていたり、すでに本を何冊も書いている人ならば、キーワードを出す段階で、まるで本の目次を作るように最適な順番でキーワードを並べることも可能かもしれませんが、これから文章を書くことが好きになりたい段階の人が、そこまでやるのはハードルが高い。

仮に、並べることができたとしても、書いていて反応が薄いと、このまま書いていていいのか迷いが出てきたり、キーワードを出すときはノリノリだったのに、どうもこのテーマについて書けそうもない、そんなことも出てくるでしょう。

文章を書く前に、100個のキーワードを出すことを本書では提案していますが、その大きな目的の一つは、文章が楽しくのびのび書けること。出したキーワードは、必ずしも出した順番に書く必要はありません。

100個のキーワードは、あなたがこれから映画を撮るためにオーディションに来た俳優のようなもの。あなたがそのときに輝いている、このテーマで書きたいと思ったテーマから書けばいいんです。

100個のキーワードを出したら、常にオーディションを行い、一番楽しく文章が書けそうなキーワードから書きましょう。文章も書き慣れるとだんだん、どんなテーマが来ても書けるようになりますが、文章を書き始めたときは、なかなかすぐには書けなくて当然です。もしも、あなたが映画を撮るとしたら、ヒーローやヒロインはたくさんいる人のなかから一番輝いている人を選びたいですよね、この人以外、舞台に出られる人がいないという選べない状態より、100人集まったなかからオーディションしたほうが絶対素敵なヒーローやヒロインに出会えます。

さらに言えば、このテーマなら書けそうだ！　と、最高にノリノリで書いたのに、いいねが少なかったり、アクセスがあまり集まらなかったり、全くコメントがない、なんの反応もないとくじけてしまいそうですよね。そうすると、文章も当然ノリノリでは書けなくなります。

反応が薄かったキーワードは一旦置くのもOK。あなたがどんなことを書こうとしているかは、あなたにしかわからないのですから、書きたいと思えることから書いていいんです。**文章を書き慣れてくると、全然反応がないという状況に陥っても、いかに反応を高めていこうかと、その状況すら楽しめるようになりますが、最初はできる限りストレスなく文章を書ける環境に自分を置いてください。**

何しろキーワードは100個もあるのですから何を書こうと選び放題です。書きやすい、いい反応をもらえるものから書いているうちに、文章を

書くことに慣れてきて、最初は反応が薄くて書くことにくじけたキーワードや、どうも乗れなかったキーワードでもさらっと書けるようになっている自分に気づく日がきます。今は書けなくても捨てないで、いつか書けるかもと考え、キープしておきましょう。

　映画のヒーローやヒロインを選ぶときも、今回はオーディションで選ばれなかった俳優が、ストーリーによってはヒーローやヒロインに抜擢されることってありますよね。最初はビギナーズラックでいい。それを重ねて、だんだん難易度を上げていく。そうすると、自分では最高だと思ったけど、フォロワーには受けなかった、ではどうしたらいいんだろうと、試行錯誤も楽しめるようになります。

　100個のキーワードを並べて、毎日、文章オーディションを楽しんでください。書きたいことを自由に選ぶためにも、あなたのできそうな方法で、100個のキーワード出しに取り組みましょう。本書ではまだまだ、100個のキーワード出しのアイディアを提案しますよ。

キーワードは大中小の流れで

　もう一つ、キーワードの出し方でオススメの方法をお伝えします。誰でも、自分が大切にしているキーワードがあると思います。「あなたのテーマ」と言っても良いかもしれません。100個のキーワードを出すための、「あなたのテーマ」を「大テーマ」とします。まずは、この「大テーマ」がないと、キーワード出しは始まりません。

　一つ、例を出します。本書のテーマは「WEB文章術」なので、大テーマを「文章」としましょう。では次に、「中テーマ」に進みます。「文章」から浮かぶキーワードはなんでしょうか。「文法」「テクニック」「練習方法」「売れる文章」「文章の型」「文章上達本」「WEB上の文章」など、ここでは7個出しましたが、5個でも良いですし、10個でもかまいません。これらの「中テーマ」は、わりとすぐにパッと思いつくものがいいですね。そして、いよいよ「小テーマ」に移ります。当然ですが、ここが一番、時間がかかります。単純に、中テーマが7個だと、それぞれに15個ほどの小テーマが出せれば、100個のキーワードになりますね。バランス良く15個ずつが出せなくても、トータルで100個のキーワードになればOKです。

【大テーマ】
文章

【中テーマ】
❶文法、❷テクニック、❸練習方法、❹売れる文章、❺文章の型、❻文章上達本、❼WEB上の文章

【小テーマ】
❶文法：主語、述語、修飾語、接続語、独立語、名詞、動詞、形容詞、

形容動詞、助詞、助動詞、副詞、連体詞、接続詞、感動詞など

❷**テクニック**：5W1H、一文は短く、「　」（カギカッコ）を使う、体言止め、文体を統一する、「てにをは」を整える、言い切る、句読点のつけ方、具体例を出す、TPOを使い分ける、動詞を使い分ける、敬語を使い分ける、難しい言葉を使わない、問いかけを使う、同じ言葉を多用しないなど

❸**練習方法**：本を読む、書き写す、日記を書く、ブログを書く、他のブログを読む、テーマを決めて書く、要約力をつける、文章を読み返す、ラブレターを書く、新聞に投稿する、書く場所を変えてみる、文章を寝かせる、ゴールを先に決める、誰かの投稿にコメントする、文字数を決める、過去記事を整理するなど

❹**売れる文章**：数字を使う、お客様の声を書く、商品をアピールする文章を書く、メリットを書く、デメリットを書く、販売記事を書く、キャッチコピーを作る、お得感を出す、文章の導線を考える、「PASONA（パソナ）の法則」を使う、金額の理由を書く、売り手の情報を書く、お客様のゴールを決めるなど

❺**文章の型**：起承転結、PREP法、「結論→理由」型、「理由→結論」型、「序論→本論→結論」型、目的型、人情型、大将型、不安型、主張型、ストーリー型、直観型など

❻**文章上達本**：あなたが読んで納得した本を紹介する

❼**WEB上の文章**：色をおさえる、漢字を使いすぎない、ひらがな、カタカナとのバランスを考える、一文を短くする、画像を効果的に使う、改行に気を使う、段落などの見栄え、パソコン、スマートフォンからの見え方など

　このように、出せるだけ出していくと、100個と言わず、どんどん出てくるはず。まずは大テーマを間違えないように、そして小テーマをたくさん出しやすい中テーマになるようにしましょう。楽しんでキーワードを出してくださいね。

際限なく出し続ける
ピンポイントセブン法とは

　100個のキーワード出しが大切なことはわかったけど、そんなに出ない？　わかりました、**誰でも簡単にキーワードが出せる方法を伝授します。**

　題して、ピンポイントセブン法！　ピンポイントセブンとは、株式会社アデランスが、かつて販売していた商品です。1本の髪に7本の髪の毛をつけて増毛する。子供の頃、CMで見たピンポイントセブンの商品解説が印象に残っています。

　アデランスの公式WEBサイトを見ると、現在、ピンポイントシリーズという商品群は発売されていますが、ピンポイントセブンという商品は取り扱われていないようです。ですが、**これからあなたにオススメしたいことにぴったりなので、ここは、ピンポイントセブン法でいかせていただきます。**

　今の世の中にあるもので言いますと、エクステを思い浮かべてみてください。1本の髪の毛に、たくさんの髪の毛の束をつけて髪のボリュームを増やしますよね。

キーワード出しは増毛と同じ！？

　これをキーワード出しで考えてみましょう。発信したいテーマが恋愛だとして、「出会い」というキーワードを出した場合、出会いというキーワードはかなり大きく、ざっくりしています。わたし自身、出版した28冊のうち一番多く、恋愛の本を出版しているので、「あゆみさんは、恋愛経験が豊富なんですね。よくそんなに書けることがありますね？」と言われることがありますが、普通です。強いて言えば、**一つの恋愛について、たくさんのメソッドを見つけ、文章化するのが得意なのです。**

　つまり、恋愛のキーワード出しが得意だということ。

出会い一つを取っても、

- SNSの出会い
- マッチングアプリの出会い
- 友だちの紹介
- 職場での出会い
- リモート飲み会
- 友だちから恋人へ
- 学びの場所での出会い

　数限りなく出会いのシーンはあります。さらに言えば、これでもざっくりしています。本書では、これから様々なSNSでの文章術をお伝えしてますが、SNSと言っても、

- Facebook
- Twitter
- LINE
- Clubhouse
- You Tube
- TikTok
- Instagram

　など多彩です。これと、ピンポイントセブン法にどんな関係があるのか？　ここで、出会い一つを取っても、の後にあげた「出会い」の例を数えてみてください。７つあります。さらに、SNSと言っても、と書いた後にあげた「SNS」の例を数えてみてください。そうです、７つありますね。
　つまり、ざっくりあげたテーマのなかから、さらに細分化した７つのキーワードを出す、これが「ピンポイントセブン法」です。

◆ 実践！　ピンポイントセブン法！

　それでは、ピンポイントセブン法を実際にやってみましょう。まずは、

44

あなたが発信したいテーマを思いつく限り自由にあげてください。ここではざっくりでもOK。大切なことは、**考えすぎて思考を止めないことです。**

　次に、ざっくりあげたテーマから、さらに7つのキーワードを考えてみましょう。**この方法を使えば、14個のざっくりテーマがあれば、そこから7つのキーワードを出すだけでほぼ100個のキーワードが完成します。**

　わたしはいつもピンポイントセブン法を実践しています。本の目次を作るとき、ざっくりテーマが章タイトル、各章に7つの小見出しをあげれば、ピンポイントセブン法で一気に本の目次が完成します。この方法で、28冊目の出版となった「乗り切る力」の目次案を1日で作りました。**1日で100個のキーワードを出し、目次を作ったことで、執筆に入る前から本の全体像が見えていることで、迷いなく執筆できました。**

　ピンポイントセブン法は、本の目次以外にも活用できます。わたしは毎年、1年で100個の夢をブログに書いて叶えていく「100いいね」というメソッドを実践していますが、「100いいね」も100個のキーワードを出すようなもの。夢だから自由に書けばいいのですが、思いつくまま書いていると、早い人でも70個くらいで思いつかなくなります。そこで、まずはざっくりしたテーマを出します。

- 自分のこと
- 家族のこと
- 仕事
- プライベート
- 趣味
- 見た目
- 新たな学び

　それぞれのテーマに対してキーワードを出していくと、「100いいね」が一気に書けます。テーマを最初にあげるとバランスよく自分の夢を再認識できるのです。

　ビジネスのプランを立てるときも、ピンポイントセブン法は便利です。わたしのコンサルティングに来てくれる人や、オンラインサロンのメンバーもみんな、すぐできました！　と報告してくれました。

ピンポイントセブン法のコツは、ざっくりテーマから、さらに細分化することにあります。目的に応じて、ピンポイントファイブになっても、ピンポイントイレブンになってもいい。7つでないといけないという制限はありません。

　ざっくりテーマなら出しやすく、そこから細分化させると、不思議と、いろんなアイディアが出るのです。さらに、テーマに沿っているので、コンテンツにもブレがありません。

　さぁ、ざっくりテーマを出すところから始めましょう！

【ワーク1】

100個のキーワードを出す実践方法はいかがでしたか？ ♣マークの1～10の太文字表記の本文のなかから「なるほど！」と思った文章の番号を書き出してみましょう。（いくつでもOKです）

【ワーク2】

ワーク1で書き出してみた番号の本文の内容を振り返ってみて、今あなたが思いつく「あなたのテーマとなるキーワード」を書き出してみてください。（いくつでもOKです）

Chapter 3

ハマる文章を書くための
SEO の決め手！
効果的な検索対策の
方法を知ろう

書きたいことと、求められる
ニーズが交わるところを見つけよう

Chapter2では、WEB文章をサクサク書くための100個のキーワード出しの実践方法をお伝えしました。Chapter3では、あなたの文章が確実に検索され多くの人に読まれて、アクセス、フォロワーを集めるために欠かせない、検索エンジンを味方につける効果的なSEO（検索エンジン最適化）対策の手法をお伝えします。

せっかく文章を書くなら、読む人の役に立ちたいですよね。そこで、**あなたが書きたいことと、世の中のニーズが交わるところを見つけましょう**。ここでは見つけ方を提案します。

①世の中のニュース＆トレンドをチェックする

Yahoo!ニュースや、Twitterのトレンドキーワードに上がっていることから、あなたが書けそうなテーマならぜひ取り上げましょう。

わたしも、世の中の出来事や、スポーツニュースなど、自分の興味があることについて書こうと思ったとき、ネットニュースになっていないか、Twitterトレンドキーワードに上がっていないかチェックします。上がっていたら、話題に上がっているタイミングを逃さず、同じキーワードでもトレンドの文言に合わせます。

わたしは、北海道日本ハムファイターズのファンですが、同じ球団の話題でも、ファイターズ、日本ハム、Lovefightersなど、上がるトレンドキーワードが異なったり、ニュースのなかの印象的な一文がトレンドになっていたりしますので、その一文は必ず入れます。**トレンドキーワードを入れ**

ることで、見てくれる人が増え、インプレッション（ユーザーがTwitter でこのツイートを見た回数）が上がるので必ず意識しましょう。

　ニュースの場合、あなた独自の視点を入れることをオススメします。わたしは自分のフラットかつポジティブな考え方を知っていただくチャンスだと思っています。

　なお、まさに今どんなことが話題に上がっているのか、リアルタイムでわかるのが、検索しようとしたときに表示される急上昇ワードとGoogleトレンドです。Googleトレンドはラッコキーワードのサイト内で確認できます。折れ線グラフになっているのでトレンドの水位もわかって便利です。

②人はどんなことに悩むのかを知る

　あなたの専門ジャンルで、人はどんなことを解決したいのかを簡単に知る方法があります。それは、WEBのQ&Aを検索することです。

　わたしも駆け出し時代、「教えて！goo」で回答していました。**Q&Aを見れば人がどんなことに悩み、解決したいと思っているかがわかります。**WEBマーケティングツールのラッコキーワードを使えば、Yahoo!知恵袋、教えて！gooなど公開されているQ&Aサイトをまとめて見ることができます。ただし、ラッコキーワードを登録しないで無料で利用する場合、アクセスできるのは、1日5回までという制限がありますが、メールアドレスの登録（無料）で無制限になります。

　Q&Aを見ると、人がどんなことで悩んでいるのかわかるだけではなく、ユーザーIDをクリックすると、プロフィールが表示されるWEBがあります。プロフィールを見ると、その悩みを持っている人が、どんな年齢、職業の人なのかまでわかります。

　これは、個々のユーザーのプライバシーを侵害するために見るのではありません。多くのユーザーやいくつかのQ&Aサイトを見ることで、傾向を知るということです。そのなかから、あなたが伝えたい人物像をイメージしながら文章を書くと、読んでほしい人に伝わりやすい文章になります。

③自分が書きたいことを人はどんな言葉で検索するのかを知る

　ブログを書くとき、サジェストキーワードを意識したことはありますか？サジェストキーワードとは、検索したいキーワードを入力したときに、自動的に出てくる検策候補のことで、今までたくさん検索されてきた言葉です。1人が何回も検索することではなく、多くの人が検索している言葉です。

　例えば「恋愛」と検索すると、たくさんのサジェストキーワードが出てきます。それを見て、あなたが書けそうであれば、話題は無限です。検索する際は、検索エンジンだけではなく、楽天ブックス、AmazonなどのWEBを検索すれば、どんなテーマが求められているかがわかります。本を出版したい人は、特にあなたの書きたいテーマでネット書店を検索してみることをオススメします。そのテーマで出版されている本がたくさんあれば、そのテーマにはニーズがあるということです。

④求められるニーズを満たしつつ、もうひとひねりする

　世の中のニーズを満たすために、キーワード検索するのは、コンテンツ作りの基本です。つまり、みんなもしているし、ひねりがない。ちょっとひとひねりして、文章にオリジナリティを出したいときは、あなたの書きたいテーマプラス、こんな言葉で検索してみましょう。

- 書きたいテーマ + 周辺語　　➡　話題を広げられる
- 書きたいテーマ + 連想語　　➡　話題を深掘りできる
- 書きたいテーマ + 類語　　　➡　意味が似ている言葉を探せる
- 書きたいテーマ + 同義語　　➡　意味が同じ違う言葉を探せる

　王道な言葉は、企業や、ポータルサイトが検索上位に上がるので、1ブロガーの記事はなかなか検索上位に来ません。あなたをまだ知らない人が検索からあなたの記事にたどり着いてくれたらうれしいですよね。

　類語、同義語くらいは聞いたことがあったとしても、周辺語、連想語はあまりなじみがないかもしれません。ラッコキーワード[3]には、周辺語や連想語を調べる便利な機能がついていますのでぜひ活用してみましょう。

ラッコキーワード内の
Google トレンド（折れ
線グラフ）の画面

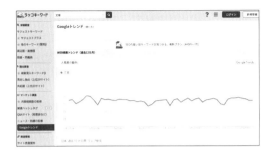

ラッコキーワード
内の Q&A の画面

ラッコキーワード内
の Google サジェス
トキーワードの画面

ラッコキーワード内の
周辺語・連想語の画面

自分SEO対策を強化しよう！

　SEOというと、少し難しい印象もあるかもしれないですが、自分の書くブログ、SNSを充実させると考えてください。Yahoo!やGoogleのような検索エンジンが、「このサイト（ブログ）は、人の役に立っている」と判断すると、検索ページで上位表示されるということは、ご存知の方も多いでしょう。細かいことを言えば、検索されたいキーワードを文中にたくさん入れる、HTMLを触ってタグを入れるなど、テクニック的なところもいろいろとあるのですが、そういうことよりも、**あなたの書く記事やSNSの投稿が、フォロワーの役に立っているのか？　そこを意識するほうが無駄な動きをせずに、結果的にSEO対策になると考えてください。**

　検索エンジンが、「このWEBサイト（ブログ）は優秀だ、役に立っている」と判断するのは、次の3つが大切と言われています。一つずつ紹介します。

- **被リンク**
- **コンテンツ**
- **専門性**

被リンク

　「**被リンク**」は、あなたのWEBサイト（ブログ）が、どれくらい他のサイトやブログから紹介されているか、ということです。一人でも多くの人（サイト）から紹介されることで、「このサイトは被リンクが多い」と判断、役立つサイトということで、上位表示されるようになります。

　以前、アフィリエイトを行っているWEBサイトが、被リンクを増やそうと、たくさんのサイトを作り、被リンクを増やして上位表示を狙うということがありました。もちろん、一時的には検索エンジンで上位表示

されます。ですが、Yahoo! も Google も、だまって見ているはずがありません。被リンクがたくさんあったサイトも、リンクを飛ばしていたたくさんのサイトも、一気に検索圏外に落とされる、ということがたくさん起きました。それから、そのようなアフィリエイトサイトも減ったと記憶しています。検索エンジンは、検索者に役立つことをメインとしていますから、しっかりとした内容を書いたWEBサイト（ブログ）に育てるほうが近道だと覚えておいてください。

コンテンツ

「**コンテンツ**」とは、内容です。今の世の中、おそらく検索してわからないことのほうが少ないと感じませんか？　ですが、あなたが本当に伝えたいこと、あなたが世の中に提案したいことは、きっと何かの、誰かの真似ではないはずです。Chapter2で「大テーマ」を決めるとお伝えしましたが、たとえ大テーマは誰もが知っていることだとしても、そこにあなたの経験や知識を加えることで、あなたしか知らない、あなたしか言えないことが必ずあるはずです。それを、あなたのメディアで紹介し、書いてください。コンテンツについては、キーワードをたくさん出すことで、あなただけのコンテンツが出てくると思うので、それをブラッシュアップさせて、WEBサイトやSNS、ブログで発信しましょう。そうすることで、読んでくれた人が紹介してくれたり、リンクしてくれることで、被リンクが増え、信頼できるWEBサイトだと検索エンジンが判断してくれます。

専門性

「**専門性**」は、その名の通り専門知識を発信していくことなのですが、これは継続がものを言います。数記事書いたところで、検索エンジンは見つけてくれません。知識を持つことも大切ですが、その知識や経験を惜しみなく発信し続けると、「このWEBサイトは、調べている人を専門知識で助けている」と判断し、上位表示されるようになります。専門家としての肩書も大切かもしれませんが、それ以上に記事の内容が大切です。あなたの伝えたい知識や経験を細かくキーワードに出して、発信できる内容も細かく出しておきましょう。そうするとネタに困りません。

SEO対策の３つのポイントを知っておこう

　書きたいことと、求められるニーズが交わるところを見つけ、自分 SEO対策を強化する準備ができたら、次のステップとして、さらなる SEO対策の３つのポイントを知っておきましょう。

　あなたは、「E-A-T」という言葉をご存知でしょうか。これは「専門性（Expertise）」「権威性（Authoritativeness）」「信頼性（Trustworthiness）」の３つのことで、それぞれの頭文字を取って「E-A-T」とされています。この「E-A-T」は、最近のSEO対策には欠かせない重要な考え方になっており、SNSやブログに書く内容（コンテンツ）を良いものにする以上に、検索エンジンから「E-A-T」の良い評価を得ることも重要になってきています。

　「E-A-T」については、Googleのガイドラインにも、その重要性について触れています。Googleの検索エンジンの評価基準は、「つねにユーザーファーストであること」を最大のポイントとしています。そのためには、この３つのポイントを常に意識して発信していくことが大切です。

　では、「E-A-T」について一つずつ説明し、どのような発信を心がけていけば良いのかを説明します。

①専門性（Expertise）

　あなたのWEBサイト全体、およびコンテンツ、そしてサイトの運営者が、専門知識やスキル、その分野にふさわしい経験を持っているかどうか、という部分のことを言います。世の中にはあらゆる業界がありますが、**検索エンジンからは検索ユーザーが価値を得られる情報であるかどうかが判断基準となり、評価されます。**WEBサイトのコンテンツテーマが統一されているか、検索ユーザーの悩みや問題が解決できるか、常に新しい情報

が更新されているかどうか、専門知識が詳細にわたって書かれているかなど、この辺りが重要になるでしょう。

②権威性（Authoritativeness）

あなたのWEBサイトやコンテンツが、業界内で第三者にどれくらい評価されているかを指します。大きく言えば、「口コミ」や「被リンク」の多さと表現しても良いかもしれません。さらに、業界内で表彰されていたり、誰もが認める肩書があることも評価されます。また、この権威性に関しては、WEB上だけにはとどまらず、社会的認知度やリアルな口コミや評判など、オフラインの情報もGoogleは加味して判断しています。**オンライン、オフラインともに信頼されるコンテンツになっていることが重要**だと言えます。

③信頼性（Trustworthiness）

あなたのWEBサイトやコンテンツが、信用に値するものかどうか。またサイト運営者が信頼できるかどうか、**WEBサイトの安全性などが評価されることを言います。「信頼性＝透明性」**と言っても良いかもしれません。個人、企業問わず、WEBサイトを見たときに、名前や住所があるかないかでは、全く違うと思いませんか？　また、WEBサイト上で何かしらフォームに個人情報を送信したり、決済したりする場合、個人情報などが保護されるかどうかも大切なところ。それ以外には、他のサイトをコピーしたものではないか、SSL化（HTTPS、情報の暗号化）されているかどうかなども判断基準になります。

以上の３つのポイントを、できるところからあなたのWEBサイトやSNSに反映させていきましょう。「E-A-T」の対策については、「これが絶対」というものはありませんが、あなたのWEBサイト、SNS、ブログなど、それぞれの特性に合った対策をしていくと良いでしょう。共通していることは、「**検索ユーザーが初めてあなたのサイトやページに訪れたときに、信用して滞在してくれるか？**」ということです。そこを考えると、やるべきことは決まってくるのではないでしょうか。

具体的には、

- プロフィールを強化すること
- お客様の声を載せること
- サイトのテーマを一つにしぼること
- コンテンツ記事を充実させること
- 継続すること

　この辺りを意識して、WEBサイトやSNSを育てていくことで、検索エンジンから「E-A-T」の評価がもらえるページも増えていくはずです。こちらも一朝一夕で得られるものではないですが、SEO対策として意識しておきましょう。

SEO対策の3つのポイント「E-A-T」

Googleの検索エンジンにおいて最も求められる評価基準は
「ユーザーファーストであること」です。
以下の3つのポイントをあなたのWEBサイトやSNSに取り入れてみてください

検索ユーザーが価値を得られる情報であること
WEBサイトにおけるコンテンツテーマの統一
新しい情報の更新や専門知識の具体性　etc.

❶専門性
Expertise

❷権威性
Authorirativeness

❸信頼性
Trustworthiness

- 業界内における第三者からの評価
  （WEBサイトやコンテンツ）
- WEB上以外でも社会的認知度や実際の口コミや評判なども加味されての判断となる
- オンライン、オフラインともに信頼されるコンテンツであること　etc.

WEBサイトやコンテンツが信用に値し、また運営者が信頼できて安全性が評価できるか
個人、企業に限らずWEBサイト上に名前や住所が明記されているか
ユーザーの個人情報などの保護がされているか　etc.

タイトル、説明文は、
最大のSEO対策

　あなたが何かを調べたくて検索窓に調べたいキーワードを入れてクリックすると、出てきたページには何が書かれていますか？　そうです、タイトルです。次にそのページを説明する文章が書かれています。SEO対策と言っても、あらゆる場所、WEBサイト、SNS、ブログなどで文章を書くことから始まることがわかるでしょう。ですから、**検索結果で上位表示させるためには、タイトルにどのようなキーワードを入れるか、説明文に検索ユーザーが喜ぶ内容をどのように書くかがとても重要です**。

　以前は、タイトルや説明文に、上位表示させるためにキーワードをたくさん盛り込むことを推奨されたこともありましたが、今はそういう時代ではありません。検索エンジンも、そのような不自然なWEBサイトは上位表示させることはしなくなりました。では、タイトルや説明文では、何を意識すれば良いのでしょうか。

①ページのメインテーマを決める

　何をおいても、ここは重要です。WEBサイト、コンテンツを検索エンジンに伝える意味でも、テーマがタイトルや説明文に反映されていなければ意味がありません。タイトルにコンテンツを関連させることで、「このページに知りたい内容があるかも」と検索ユーザーに思ってもらえます。**必ずタイトルにはテーマを強調させることを忘れないようにしましょう。当然ながら、そうすることでSEO対策上、有利になります。**

②タイトルの文字数は30文字程度にする

　これは諸説あるようですが、検索ページに表示される文章は30文字以内であること、**30文字以内に検索ユーザーが必要とするキーワードが入っ**

ていないとクリックされないという意味で、できれば30文字程度を意識
してください。WEBニュースなどは、もっと短い15文字で「読みたくな
るニュースのタイトル」が書かれていますが、SEO対策として考えると
文字数は多いほうが検索エンジンに引っかかる可能性が上がりますから、
あなたのSNSやブログへの投稿時は、30文字前後を意識してください。

③クリックしたくなるタイトルをつける

　タイトルづけに関する詳しいことはChapter5でもお伝えしますが、タ
イトルに検索されるキーワードを入れることと、ユーザーが読みたくなる
タイトルをつけることは両立させる必要があります。キーワードを羅列さ
せてもユーザーは読みたくはなりませんし、読みたくならないタイトルで
はクリックされません。この両立を難しく感じるかもしれませんが、すで
にChapter2でキーワード出しができているあなたなら、タイトルづけの
練習も始めてください。最初にも書きましたが、検索エンジンは「ユー
ザーファースト」です。あなたなら、どんなタイトルだとクリックしたく
なるのか、そこも十分に考えましょう。

④できるだけ数字、固有名詞も入れる

　これは、WEBサイトやSNSのテーマが明確な場合によりますが、見つ
けてもらう、クリックしてもらう確率を上げるために、明確な数字や固有
名詞がある場合は、タイトルや説明文に入れていきましょう。例えばサロ
ンや教室などをされている方は地名。名前ありきで仕事をされている方な
ら、あなたの名前。著者なら書籍名。生徒数や、講演数、フォロワー数、
経験年数など、数字で表現できるものは数字を入れましょう。信頼にもつ
ながり、探しているユーザーがいれば、間違いなくヒットします。

⑤タイトルで伝えきれないものを説明文に入れる

　メインテーマが決まっていても、さすがに30文字では伝えきれない！
こともあるはず。それらは説明文として書いてしまいましょう。こちらは
100文字ほどあってもOKです。内容をより具体的にして、タイトルをサ

ポートする立ち位置として書いてください。例えば、あなたが自宅サロンを経営しているとしたら、タイトルに入れるべき内容は、地名、サロンの名前、サロンの内容でしょう。ですが、どんな思いでサロンを運営しているのか、運営するあなたの肩書や実績は何があるのかまではタイトルに入れられません。それらを100文字程度の文章にして説明文にします。もちろん、検索キーワードを意識して作ってくださいね。

　タイトルと説明文の文章は、**最大のSEO対策です**。いくつも候補を出して、最終的に決めるようにしましょう。場所をアピールしたい場合、商品やサービスをアピールしたい場合、明確なターゲットがいる場合など、切り口によって考えるべきタイトルや説明文も変わってきます。**それぞれのメリットや具体的な数字を入れて、検索エンジンに上位表示され、またユーザーにクリックしてもらえるタイトル、説明文作りをしましょう。**

<最大のSEO対策>タイトルや説明文で意識するポイント

- ✓ ①ページのメインテーマを決める
- ✓ ②タイトルの文字数は30文字程度にする
- ✓ ③クリックしたくなるタイトルをつける
- ✓ ④できるだけ数字、固有名詞も入れる
- ✓ ⑤タイトルで伝えきれないものを説明文に入れる

SEO対策にも活用できる！
ハッシュタグの考え方

　ハッシュタグ、活用していますか？　ハッシュタグは、Instagramをやっている人ならおなじみかもしれませんが、ブログやTwitterなどあらゆるSNSで活用されています。**ハッシュタグとは「半角の#」の後に、様々な言葉を入れたもの。**
「 #藤沢あゆみ」「 #WEB文章術」のように表記します。意識してつけることによって効果的に検索され、あなたの文章を見つけられやすくして、ハマらせることができます。つまり、**ハッシュタグとは検索キーワードとも言えます。**

　ハマらせるためのハッシュタグのつけ方を「 #WEB文章術」を例に考えてみましょう。#WEB文章術 は、本書を知ってもらうために外せないハッシュタグですが、一般的な言葉ではありません。ですので、本書を知ってもらうためのハッシュタグとしては、これだけで終わらせるのはもったいないです。
　#WEB文章術という言葉を分割して #WEB #文章術 #文章 もつけられますし、これらは #WEB文章術よりも一般的で汎用性が広く、多くの人がつけそうなハッシュタグです。
　ハッシュタグをつけられるメディアでは、#の後に言葉を入れると、そのハッシュタグがつけられている件数が表示されます。#WEB文章術よりも #WEBのほうが件数が圧倒的に多いはずです。

◆ ハッシュタグ三段活用とは

　ハッシュタグとは何かがわかったところで、せっかくつけるのであれば、効果的につける方法を考えてみましょう。Instagramの場合、30個、アメーバブログならば10個のハッシュタグがつけられますが、ハッシュタグを

つけるとき、わたしはこの3つを意識しています。

- 育てる
- そこそこ
- メジャー

ハッシュタグ三段活用 ①育てる

育てるハッシュタグとは、#WEB文章術 #藤沢あゆみ のように、一般的というほど知られてはいないけど、自分や自分の活動を知ってもらうために、大きく育てていくハッシュタグのことです。

わたしは本を書いているので、Instagramやブログに本の感想を載せてくれる人が、#藤沢あゆみというハッシュタグをつけてくれることもありますが、**自分の名前は、あなたがどんな活動をしていても必ずつけてほしいハッシュタグです。**

あなたの名前のハッシュタグをつけている人は、初めはあなたしかいないかもしれません、それでも毎回投稿するたびに自分の名前のハッシュタグをつけてください。仮に100回、あなたの名前のハッシュタグをつければ、それだけで件数が100になります。

そうすると面白いことが起こります。[11]**誰もつけていなかったハッシュタグをあなたがつけ続けて育っていくと、あなたと出会った誰かが、ハッシュタグであなたの名前をつけると、100件という件数が出てきて、すでに使われているハッシュタグとして存在するので、あなたの名前のハッシュタグをつけてくれます。**

わたしたち著者も、この本の原稿を書いているときから、#WEB文章術というハッシュタグをつけまくって育てました。そうすれば、本が出版されて、あなたが本を読んで感想を書こうと思ってくれたときに、すぐに#WEB文章術のハッシュタグをつけてもらえそうです。ぜひつけてね。

ハッシュタグ三段活用 ②そこそこ

次にオススメなのが「そこそこ」のハッシュタグです。これはInstagramで言えば、数百件から数千件という件数のハッシュタグ。育てるハッシュ

タグより一般的ですが、何万件、何億件よりは件数が少ないタグになります。

では、そこそこのハッシュタグをつける意味を、Instagram を例にとって考えてみましょう。投稿して、自分がつけたハッシュタグをクリックすると、そのタグの人気投稿がスマートフォンに表示されます。そのときに、あなたの投稿が人気投稿の9マスのなかの1番目に表示されたらラッキーですよね。Google で検索して一番に出てくるようなものです。そうすると多くの人の目に触れることになり、あなたの投稿をクリックして見に来る人が増えます。

わたし自身の経験から、**そこそこのハッシュタグは、割合人気投稿に上がりやすいです**。育てるハッシュタグだと、さらに人気投稿に上がりやすいですが、そのハッシュタグをつける人自体も少なく、最初は自分だけなので、人に見つけてもらう確率も低いので、ハッシュタグを育てることが必要なのです。

◇ ハッシュタグ三段活用 ③メジャー

最後に、メジャーなハッシュタグ、これは、何百万件、何億件と多くの人がつけるメジャーなハッシュタグです。これは、あなたがつけた瞬間、世界中で多くの人がつけているハッシュタグですので、人気投稿に上がるのは難しいかもしれません。ですが、その**ハッシュタグをつけている人が多いので、あなたのことを知らない多くの人が見つけてくれる確率も上がります**。そこそこのハッシュタグ以上に、一般的であったり、多くの人が興味を持つテーマであったり、そのとき話題のテーマであったりします。

ハッシュタグと言っても何も考えずにつけるのではなく、つけられる件数のなかで、「育てる」「そこそこ」「メジャー」三段階のハッシュタグをバランスよくつけることをオススメします。

過去記事を放置しない！
SEO対策を強化する

　人は、書いた文章を一度投稿してしまうと、放置することが本当に多いです。ですが、これはもったいないこと。SEO対策を考えるときに、**過去に書いた記事を見直して手を加えることは、SEO対策を強化することにつながります。**

　SNSのなかで、過去記事を見直したほうがいいのは、確実にブログです。ブログは一度投稿するとWEB上に残り続け、常に検索の対象になります。FacebookやInstagramなどは、あなたの名前やアカウント名で検索してもらうと上位に出てくることはありますが、一つひとつの投稿内容が表示されることはありません。（画像検索、ハッシュタグ検索は、また別の考え方になります）

　ここでは、常にあなたのブログに検索エンジンが来てくれるように考えておくべきことをシェアしますね。

　ブログを書いている以上、「アクセスを上げること＝読んでもらうこと」は切っても切り離せません。フォロワーを増やして、読んでくれる人を増やすこと。検索エンジンからブログに来てくれる人を増やすこと。どちらも大切です。**ブログのアクセス解析を見たときに、検索からどのページが引っかかっているか、チェックしていますか？**　ほとんどのブログの場合、検索でたどり着く場所の順番は、

　トップページ
　プロフィールページ
　記事

となっています。

トップページは、いわば「ブログの顔」。先ほども書いた、タイトルや説明文が生きる場所です。一番大事な場所でもあるので、ブログのメインテーマをしっかりと考え、探して見つけてもらえるキーワードを入れたタイトル、説明文にしましょう。文字数も意識してくださいね。

　プロフィールページは、どのブログサービスを使ってもあるはずなので、必ず書くようにしましょう。**プロフィールは、自分自身のことを書く場所**ですから、フォロワーから「このブログの管理者は、どういう人なのか？」「ブログ記事の内容は信用できるものなのか？」を判断される場所だと考えてください。アピールする部分、実績などを書いていくことで、同時にSEOエンジン対策になるはずです。読みやすく、あなたの仕事に興味を持ってもらえるように書きましょう。

　最後に**記事**ですが、記事は書けば書くほど蓄積されていきます。アクセス解析で調べてみると、**常にアクセスが来続けている古い記事もあるはずです。過去記事は、そのままにしないこと！** まずは、検索から来てくれる記事を必ず見直して、手を加えましょう。手を加えるとは、内容の情報が古ければ、新しい情報にブラッシュアップしたり、もっとわかりやすい表現があるならリライトするということです。せっかくの人気記事ですから、そこから派生させた内容の記事を書けば、そちらにアクセスもいきますし、新たに検索エンジンに引っかかるかもしれません。

　また、過去記事の文字数も改めて気にしてみましょう。検索エンジンは、短めのテキスト（文章）の内容を的確に判断はしてくれません。例えば、**画像がメインで短い文章の記事ばかりを書いてしまうと、検索エンジンは「内容が充実していないWEBサイト（ブログ）」だと判断します。**それはもったいないので、現在の記事だけでなく、過去記事のなかに大切にしたい、検索に引っかかってほしいと考える記事があるなら、ある程度の文字数にしてください。正確に「何文字」とは決まっていませんが、最低でも500文字以上はあったほうがいいでしょう。

　もちろん、全ての記事をSEO対策を意識した記事にする必要はありませんが、文字数を増やして記事の内容を充実させることができれば、思わぬキーワードでブログに訪れる人が増えるかもしれません。

さらに補足として、ブログ内で記事カテゴリ（テーマ）の設定ができる場合は、そのカテゴリ（テーマ）名も検索対象になりますから、読者が読みたくなるキーワードで設定すれば、そこが検索エンジンに引っかかり、記事に飛んで読んでもらえる確率も上がります。過去記事を見直して、ずっと検索に引っかかっている記事があれば、同時にカテゴリ（テーマ）名を見直しても良いでしょう。

　検索エンジンは日に日に賢くなってきています。ですから変な日本語を書いていると損をします。ですから、**誰が読んでも意味がわかる言葉を使って文章を書くことを意識してくださいね。**

SEO対策　〜ブログへのアクセス解析結果から見たチェックポイント〜

 Check 1
トップページの役割

・「ブログの顔」一番大事な場所。
・ブログのメインテーマは、しっかりと考える。
・タイトルや説明文には、ユーザーが探すときに見つけやすい「キーワード」を入れる。
・文字数も意識する。

✓ Check 2
プロフィールページ

・ブログの管理者である「あなた」が信用できるか判断される場所。
・アピールできることや実績を明記する。
・あなたの仕事や活動に興味を持ってもらえるように工夫する。

✓ Check 3
過去記事の見直し

・古い記事のなかで、常にアクセスし続けている過去 記事の見直しをする。
・情報内容を確認しブラッシュアップする。
・よりわかりやすい表現ができるならリライトする。

SEOとは検索エンジン最適化 (Search Engine Optimization) のことで、SEO対策とはWEBサイトの内容を検索エンジンが理解しやすいように最適化したページを作ること。

SEOキーワードは、文字ごとに分けて入れよう

あなたは「WEB」について知りたいとき、どんな言葉で検索しますか？　WEBについて知りたいんだから、「WEB」ですよね？　他に何かある？　はい、ごもっともですが、それでは雑すぎます。

「WEB」と言う言葉を検索するのは当然ですが、同じ言葉でも「ウェブ」も、「Web」もあれば「ウエブ」もある、それぞれの言葉で出てくる検索結果は変わってきたりするんです。では、実際に検索してみましょう！

- WEB　………… 約 25,270,000,000 件
- Web　………… 約 25,270,000,000 件
- ウエブ　……… 約 5,280,000 件
- ウェブ　……… 約 1,480,000,000 件　　　　(2023年1月時点、以下同様)

なるほど、WEBとWebは変わりませんね。ただ、ウエブとウェブにはかなりの違いがある。では、こちらはいかがでしょう。

- WEB文章術 … 約 8,090,000 件

まだまだですね。普及活動がんばります。あなたが出版したり、新しいサービスをリリースするとき、本のタイトルやサービス名はまだ知られていないため、検索しても上位には上がりません。これから知ってほしいあなたのサービス名や、出版されたばかりの書籍、例えば、「**WEB文章術**」[15]**という言葉を広めたい場合は、WEB文章術という言葉だけではなく、ハッシュタグや、本文のなかにWEB文章術より一般的で多く検索されるWEB、文章術、文章、も別々に入れておくことで、さらに検索に引っかかりやすくなります。**

文章術　…　約 43,000,000 件

文章　……　約 1,230,000,000 件

　これは、入れるしかありませんね！　そうそう。WEB文章術よりも、さらにマイナーかもしれませんが、WEB文章術と一緒に藤沢あゆみ、戸田美紀もお忘れなく！（売り込み）

　本のタイトルは、そのまま検索するとAmazonや楽天ブックスなどのWEB書店や、本の感想を書いてくれている人のブログが出てきます。さらに、その本のタイトルを構成している言葉も、一つひとつハッシュタグに入れておきましょう。これは、どういうことかと言うと、

ハマる！売れる！集まる！これさえあれば誰でも書ける！
「WEB文章術」プロの仕掛け66

　これが書籍タイトルだった場合。原稿を書いている時点では、タイトルが決定していませんので、Googleで検索すると、こんな表示になります。「検索条件と十分に一致する結果が見つかりません」

　ですが、だいじょうぶです。こちらをごらんください。

ハマる	……………………………………約 40,500,000 件
売れる	……………………………………約 38,500,000 件
集まる	……………………………………約 89,700,000 件
これさえあれば	………………………約 61,000,000 件
これさえあれば誰でも書ける	……約 18,800,000 件
誰でも書ける	…………………………約 53,700,000 件
誰でも	…………………………………約 1,010,000,000 件
書ける	…………………………………約 20,400,000 件
プロの仕掛け	…………………………約 19,700,000 件
プロの仕掛け66	………………………約 16,400,000 件
プロ	……………………………………約 848,000,000 件
仕掛け	…………………………………約 53,800,000 件

単に分けただけですが、**全ての名称は、たくさんのメジャーなキーワードからできていることがわかります**。流行るタイトルは多くの場合、誰でも知っているオーソドックスな言葉の組み合わせで、新しく目を引く独自の言葉になっています。実は、それが流行る秘訣だったりします。

独自性があるのはいいけれど、覚えにくい言葉だと、話題にしようにも覚えていないから話題にできません。やはり一度聞いたら忘れない、復唱できる言葉は強いのです。キーワードは、分割して入れてくださいね。

まとめ記事を書いて、
内部リンクを充実させよう

　ブログやホームページなどで記事を書いていくと、記事数がどんどんたまっていきます。これは、ブログやホームページの信頼度も上がり、検索対策としても、とても良いことです。信頼や実績につながるということですね。ただ、せっかく書きためた記事を、そのままにしておくのはもったいないこと。先ほど過去記事を見直すことをお伝えしましたが、もう一つできることがあります。それが、内部リンクです。

　内部リンクとは、WEBサイト（ブログ）内のページ同士をつなぐリンクのことを言いますが、これを定期的に行うことで、検索エンジンがサイト内に長時間とどまることになり、最終的にSEO対策の良い効果につながるとされています。もちろん、これは**検索対策だけでなく、訪れたユーザーもリンク先に飛び、読んでくれることで、ページの滞在時間が伸びる**というメリットもあります。しかし、ただ内部リンクを増やすだけで検索順位が上がりやすくなるわけではなく、リンクでつながっているページ（記事）のコンテンツの質が大切になります。

　ということで、**内部リンクを充実させるためにオススメなのが、WEBサイトやブログで書きためたコンテンツのなかから、シリーズ記事やまとめ記事を作ることです**。これは、ある程度の記事数があること、専門知識や充実したコンテンツがある場合に限られますが、50記事や100記事を書いている人は、これまで書いた記事がシリーズ記事にならないか、まとめ記事を作れないかを考えてみてください。例えば、戸田のブログの場合、「文章関連」のシリーズ記事、「自分メディアの作り方」のシリーズ記事、「ライターになりたい人」のためのシリーズ記事を書いています。そのなかでは、「自分メディアの作り方」のシリーズ記事と、「ライターになりたい人」のためのシリーズ記事は、まとめ記事を作っています。

Chapter2のキーワード出しのところにも書きましたが、「大テーマ」を決めたら、「中テーマ」「小テーマ」を決めて、たくさんのキーワードを出し、それを記事にしていきます。わたしはテーマを決めてシリーズとして記事を増やしたかったので、それぞれのテーマについてキーワードを出し、記事にしていきました。そして、10記事が書けたら1記事を使ってまとめ記事を作り、また10記事が書けたらまとめ記事に追加する、というやり方で進めてきました。

　まとめ記事を作るときに、1記事ずつリンクを張る作業は面倒でもあるのですが、その作業をすることで内部リンクがかなり充実しました。徐々に検索エンジンからたどり着いたユーザーが、そのまとめ記事を順番に読んでくれるようになり、感想をいただくことも増えました。そして、文章のシリーズ記事に関しては、1冊目の出版にもつながるという結果が出ました。おそらく文章関連の記事を500記事ほど書いた頃だったと思います。

　こうしたWEBサイト（ブログ）の構築は、時間はかかるかもしれませんが、より検索エンジンから評価されやすくなるので、やらない手はありません。何より読者にとっては読みやすくなり、とても親切なことです。内部リンクを進めることで、WEBサイト（ブログ）の専門性も上がります。少しずつ構築していきましょう。

Chapter 3 ワークシート

【ワーク1】
検索対策の方法のポイントとして♣マークの1〜16の太文字表記の本文のなかから、意識しようと思った文章の番号を5つ以上書き出してみましょう。

【ワーク2】
ワーク1で書き出したなかから、特に意識しようと思った文章の番号を3つ選んでください。

Chapter 4

心を
わしづかみにする
WEB文章術

浮気文章はNG！
一途な文章で完結させる

Chapter3では、あなたの文章にアクセス、フォロワーを集めたいなら外せないSEO対策についてお伝えしました。Chapter4では、いよいよ読ませるWEB文章、心をわしづかみにするWEB文章を書くために、押さえておきたいポイントと、実践メソッドを余すところなくお伝えします。

浮気文章って、どんな文章だと思いますか？　ズバリ、気が多すぎる文章のことです。**ブログを書いていると、いろんなことを書きたくなり、話題がとりとめもなくあっちこっちに飛んでしまったりしませんか？　それだけ文章を楽しめていて、どんどん書きたくなるのはとてもいいことですが、浮気文章は恋愛の浮気同様、読みたくないダメダメ文章です。**

例えば、こんなシーンを想像してみてください。

あなたが、つき合えたらいいなと思っている人とランチに行くことになり、行く店を決めようとしていて、一緒にいくつか候補を選んでいたとします。

「あゆみさんは、どの店がいいと思う？」と聞かれたときに、わたしが、「このイタリアンの店いいね」と言った後に、イタリアンの店に行こうとして道に迷って待ち合わせに遅刻した話を始めたり、パスタを作ろうとスーパーに買い出しに行ったことまで話し始めて、延々と掘り下げてしまったら、「え？　どの店がいいと思う？　と聞いただけなのに」とイライラしませんか？　多分、つき合うまでに振られるでしょう。

そんなことするかな？　と思うかもしれませんが、これは誰もがやってしまいがちなパターンなのです。特に、いろんなことに興味を持つ好奇心

旺盛な女性のあなた、ご用心です。

文章は一途に！　1記事1テーマと心得よ

あなたがブログを書くなら、1記事1テーマを意識してください。そうです、一途な文章です。ですが、それを意識すると、のびのび文章を書けなくなる人もいるでしょう。せっかく書きたいことがどんどん出てきているのに、これは今回書こうと思ったことからずれるから、書けないよね、これも書けない……とやっていると、固く、起こったことを羅列しただけの気持ちが乗っていない文章になってしまいます。

わかりました、浮気OKです。（えっ？）ただし、日を改めてください。どういうことかと言いますと、まずは思いつくまま、自由に文章を書いてOK。その結果、ブログ1記事としては長い、3000文字以上書いてしまうこともあるでしょう。OKです、もう書けないと思えるまで、書き切ってください。

ただ、その記事をすぐに投稿するのは、ちょっと待って！　書けた記事は、一旦下書き保存して、自分の文章を読み返しましょう。そうすると、どんな店でランチをしたいかについてブログを書き始めたはずなのに、話題がどんどん脱線して、イタリアンの店に行きたいことだけではなく、イタリアンの店に行こうとしたとき、道に迷って待ち合わせに遅刻した、イタリアンの食材をスーパーに買いに行った、という**3つのテーマが1つの記事のなかに混在していることに気づくでしょう。**

浮気文章を更生？　校正して一途な文章に変える方法

次に、あなたの書いた文章を、テーマごとに分割してください。**3人に浮気した文章を、1日1人、3日間に分けてデートする感じに、3つの一途な文章に分けるのです。**あなたがついつい脱線してしまうほど、一つひとつのテーマは自然と語りたくなる熱いテーマなのですよね。ならば、それは分けて記事にしないともったいないです。

混在するいくつかのテーマを分割するには、単純に話題ごとにぶった

切って、ブログならば、コピー＆ペーストで3回に分けて下書き保存してください。はい、3つのブログネタがここで生まれました。

　その時点では、前後のつながりなどは考えなくてもOK。まずは1記事1テーマの徹底、そしてぶった切った下書き記事を一つずつ、ブログに仕上げていきましょう。

- オススメのイタリアンのお店紹介記事
- イタリアンの店で待ち合わせたときに遅刻をしてしまったエピソード記事
- スーパーで買えるオススメのイタリアンの食材の記事

　なんと！　イタリアンというテーマでピンポイントセブン法を使ってキーワード出しをしたような面白いラインナップになりました。それぞれを、ブログ記事に仕上げます。1記事ずつに分ければ、それぞれが興味深いテーマで、良い記事になりそうなのに、どのお店に行きたいかの話をしているときに一気に話されるとウザいですよね。

　オンラインサロンメンバーから、「どうしても記事が長くなってしまいます」と相談を受けたときに、ブログを見てみるとまさに浮気文章、たくさんの話題が一つのブログに混在していました。そこで、ワードにその文章をコピー＆ペーストして、一途な文章にする実践をしたところ、彼女は一度でコツをつかみ、その後は毎日、一途な文章のブログを書けるようになったと報告してくれました。

　浮気文章ではなく一途な文章、1記事1テーマ、ぜひ意識してみてください。

　自分がノッているときに一気にネタ出しできてブログのネタは量産できるし、スッキリした一途な記事も書ける。**浮気文章から更生（校正）して一途な文章に変えるワークは、一石三鳥です。**一途な文章は、文章能力以前に、それだけでかなり人を惹きつける読ませる文章なのです。

ハマる文章とは、
最後まで読まれる文章

　わたしが、多くの人に自分の文章が読まれることを初めて意識したのは、メールマガジンを始めたときです。当時のメールマガジンは、文字通りメール。写真を載せたり、色文字や太字などの文字装飾もできず、文章だけのメールがパソコンに届く形だったので、**何より重要なのは、離脱せず最後まで読んでもらうことでした。**モバイルで読む場合は、スマートフォンではなく携帯電話だったので、スクロールではなく改ページする必要があり、長い文章は負担です。最後まで読んでもらうために、書く前にいくつか考えたことがあります。

　　読んでくれた人が最後に、この文章を読んで良かったと思ってくれること。そこで、どんな結論になれば、良かったと思われるかを書き始める前に考える。

　　長さを感じさせず、気がつけば最後まで読んでいたと思うような文章を書くこと。スクロールしないで一画面で読める30行以内で恋愛ノウハウを書く。恋愛コラムは50行以内にまとめる。

以上のような、自分なりのルールを決めました。

最後まで読ませる文章は、書く前からゴールが見えている

　最初からゴールが見えている文章というと、単純で面白みがなさそうな印象を持たれるでしょうか。この場合のゴールとは、自分自身に見えているという意味です。話が上手い人の講演を聞くと、最初に投げかけた問題提起を鮮やかに伏線回収していって、一時間の講演でもあっという間に感じることがあります。それは、最初からそうなるようにトークが設計され

ているからです。

　文章のゴールが見えているのは自分だけで、読んでくれている人には、この結末どうなるんだろうと、ワクワクしてほしいもの。書き手が、自分の文章をエンタティメントとしてストーリー展開をわかっていてこそ、フォロワーが読んで楽しめる文章になります。結論がどこに行くかわからなくてドキドキすると感じる文章は、最初からドキドキさせるように練られているのです。

　小説の世界では、主人公が勝手に動き出し、書いているときはストーリーはまだ見えていないと言う作家もいますが、その作家は十分なキャリアを積んでいて、物語を書くための流れが、考えなくても身についているのでしょう。

　初めての場所に行くときは、Googleマップやナビを見ないとわかりません。これから文章力をつけたい、最後まで読まれる文章が書けるようになりたいあなたは、たどり着きたい場所と文章の流れを、書く前に大まかに決めておきましょう。

最後まで読ませる文章、5つのチェックポイント！

　わたしが、活動を始めたのはWEB恋愛相談でした。相談ですので、必ず結論を出す必要があります。投稿されている相談を読みながら、どんな結論を導こうかと考え、回答を書くときには、相談者がその結論を受け取りやすいように、その人と向かい合って話を聞いているイメージを描きながら回答を書きました。

　さらにメールマガジンを始めたことで、同じ回答でも、いかにわかりやすく短く書くことはできないか、メールで読んでも離脱しないかを意識しました。**最初は自由に思いつくまま書き、表現がわかりにくければ後から削る。また、WEB文章をビジュアルで捉え、改行のタイミングや、文章のボリューム、太字や文字装飾を使うバランスを考えました。**

　圧迫感や長さを感じさせず、引き込まれたまま読み終えるには、締めの言葉はどうするのかなど、様々な工夫をしました。ブログやメールマガジ

ンは、何度も表示確認して、目の動線が滞らないか、見た目もチェックしました。今はもう、文章を書くときに長さの制限はしていませんが、「あゆみさんの文章は読みやすい」「長さを感じさせない」と言っていただけるのは、WEB文章を書き始めたときから、人に読まれる文章を意識していたからだと思います。

　とは言え、本当に最後まで読まれる文章が書けているのかを知ることはできないですよね。それをチェックしたいなら、**最初から最後まで音読してみるのもオススメです。音読して発音しづらい文章は、黙読しても離脱します。なぜならば、黙読しているときは、脳は音読しているからです。**離脱したら、どこで離脱するのか、離脱ポイントは何か、突き止めて把握しましょう。自分の文章の変なクセや未熟な点がわかります。
　また、**できるだけわかりやすい言葉を使うことも大切です。人は、聞いたことがない言葉があると集中力が下がり、離脱の原因になりかねません。**
　では、読まれる文章5つのポイントをおさらいしましょう。

　　同じ内容なら短くならないかをチェックする
　　難しい表現をわかりやすい表現に変える
　　読みやすい改行、文字装飾を意識する
　　音読して発音しづらくないかをチェックする
　　誰にでもわかる言葉を使っているかを再確認する

　文章をどこに着地させるのか、フォロワーをどう導きたいのか、最初にゴールを意識して、最後まで読ませる文章の5つのポイントを満たしているか、チェックしてみてくださいね。

読んでほしい人は誰？
1記事1ターゲットの法則

　読みにくい、読みたくない文章の定義はいくつもありますが、ここでは読者を迷子にしてしまう原因をご紹介します。それは、「読んでほしい相手を決めていないこと」です。どの媒体でもいいですが、人は自分が書いた文章を、できればたくさんの人に読んでほしいという気持ちになります。せっかく書いたのですから、そう思うのは当然なのかもしれません。ですが、残念なことに「たくさんの人に読んでほしい」という気持ちで書いた文章は、「誰の心にも響かない」文章になりがちです。理由はいくつかあるでしょう。ササる言葉を使っていない。無難な言い回しになっている。具体的な事例がない、などでしょうか。

　読者にわかりやすく、伝わりやすく書くことは基本ですが、もっと基本的なこと、**それは「1人に向かって書く」**ことです。文章を書く前に「**誰に**」書くかを決めておきましょう。手紙やメールだと相手が決まっているし、内容もある程度は決まっているので、あまり悩むこともないと思います。それと同じように、ブログやメルマガ、WEBサイトなども書いていくのです。もっと言うと、「ラブレターを書く」と言えばわかりやすいでしょうか。複数の人にラブレターを書く人はいませんよね？　**あなたが思いを伝えたい相手に向かって、伝えたいことを書きます。**結局は、それが大勢の人に響く文章になるのです。誰か1人の顔を思い浮かべて書く練習をしてみましょう。誰か1人の顔を思い浮かべることで、

- どう書けば伝わるのか
- この言葉（表現）は適切か
- 的確なアドバイスになっているか
- 伝わる内容になっているか

など、より書くことが明確になってくると思うので、フォロワーを迷子にしてしまう確率も減るはずです。

ターゲットが決まったら、1記事1テーマを意識する

もう一つ、読者を迷子にさせてしまう原因に、一つの記事にいくつものコンテンツを入れてしまっていることがあげられます。「文章を書くことが苦手」と言う人の理由の一つに、「書いているうちに、話題が飛んでわからなくなる」ということをよく聞きます。これは考えながら書いているということと、文字数が多くなってくると迷ってしまうことが大きな要因です。そうならないためには、やはり先にテーマを一つ決めておいて、そこからズレないようにすることが大切でしょう。

基本的なことですが、記事を書きながら迷ってしまう人は、

読者ターゲット
記事のゴール
伝えたいこと

これらのどこかが抜けていることが考えられるので、ぜひ参考にしてください。そして、ブログでも、Twitterでも、Facebookでも良いので、**まずは短い文章から練習しましょう。**そうすると、200〜300文字は悩まず書けるようになるはずです。わたしのこれまでの経験から、500〜1000文字になると話題が脱線する人が多くなる印象がありますので、**500文字以上書く場合は文章の流れを先に決めてしまいましょう。**

文章の流れとは、「文章の型」とも言い換えられます。「文章の型」については、後ほど詳しく書きますが、流れとしては、

タイトルや小見出しを決める
導入部分を決める
強調したい箇所を決める
まとめ部分を決める

この4つを覚えてください。**まず「書きたいこと」を決めて（タイト**

ル）、何から書き始めるかを決めて（導入）、絶対に伝えたいことを決めて（強調）、どんな言葉で締めたいのか（まとめ）を決めます。この流れで短い文章を書く練習をしてから、目的別や、読者ターゲット別に書いていくと、より良く文章が進化します。目的とは、単に日記として備忘録的に書くのか、何かしら報告をしたいのか、読者に行動してほしいのか、などですね。**読者ターゲットとは、文章を読んでほしい相手です。**友人なのか、お客様なのか、上司なのか、見込み客なのか、きっといろいろあるはず。この練習ができると、長い文章でも最初に流れを決めておけばいいので、脱線しそうになっても見直しができて、「なんの話題だったっけ？」とは、ならなくなります。ぜひ試してみてください。

そんな想いを言葉にのせて
あなただけに届けたい

たったひとりの
あなただから

伝えたい想いは
なんですか？

知っておいて損はない
「文章の型」ベスト5

　短い文章を書くときも、長い文章を書くときも、**文章の型を知っておく**⁴**ことで最後までブレずに文章が書けます。**復習の意味も込めて、ここでは5つの文章の型をご紹介します。**文章には際限なく書き方があるように、文章の型もたくさんあります。**そのなかでも、基本的かつ使いやすい型を覚えてください。

①「結論 ⇒ 理出」または、「理由 ⇒ 結論」

　例えば300文字以下の短い文章なら、ネタをたくさん入れる必要がないので、このどちらかのパターンでOKです。

> 「何をおいても、毎日楽しく生きるためには、健康が第一です。なぜなら、身体が元気でないと、前向きに活動することができないからです。」
> 「元気でないと、毎日楽しく活動することができません。ですから、何をおいても健康が第一です。」

　同じことを伝えたいのですが、どちらを先に持ってくるかで、言葉から伝わってくる力が変わります。

②説明文

　説明文は世の中で一番書かれている文章で、「５Ｗ１Ｈ」がきちんと入ることで伝わる文章になります。「５Ｗ１Ｈ」⁵とは、「When：いつ」「Where：どこで」「Who：だれが」「What：何を」「Why：なぜ」「How：どのように」の、英語の頭文字を取ったものです。これらを文章の内容に

入れることで、整理されて読みやすくなります。

　「わたしは（Who：だれが）昨日（When：いつ）、大阪で（Where：どこで）
○○社の方と新しい企画について（What：何を）、次回の企画会議のた
めに（Why：なぜ）打ち合わせをしました（How：どのように）。」

　この説明文は文章の基本と言えます。このような簡単な説明文から、
徐々に文字数を増やしていくことで、ブレない文章になっていきます。

③序論・本論・結論

　この型は、主に報告書や小論文に使われる型で、文章の型としては一番
シンプル。たくさんの人が読むときに効果的です。序論→本論→結論の流
れです。

　「先日、『人生の成功に必要なものは何か』という質問を受けました。
抽象的な質問だな、と感じましたが、あなたならなんと答えますか？
`序論`
仕事をするにも何をするにも、人との関わりは外せません。私は運だ
けでは成功しないと考えています。仕事もチャンスも、人との関わり
のなかで運ばれてくるからです `本論` 。
ですから、『人生の成功に必要なものは何か』という質問の答えは、
『人脈』です `結論` 。」

　仕事の報告書などでこの型を使うときは、きちんと数字を入れたりして、
説得力を出しましょう。

④起承転結

　わたしたちが小学校に入って、文章の型として習うのはこの「起承転結
文」です。それだけ有名で、知らない人はいないと思いますが、文章の型
では一番難しいです。流れとしては、「問題提議→意見提示→展開→結論」
となります。起承転結はストーリー性を持ちますから、

起：物語のきっかけとなる出来事が起こって
承：「起」で起こったことの流れを説明し
転：「承」の流れとは違った事態になって
結：オチとなる結論を書いて終わらせます

　このような流れが一般的です。**やはり難しいのは「転」ですね。**小説のように新たな展開を文章のなかで作るというのは、よほど慣れていないと書けません。**起承転結文で一番大切な部分は「承」です。「序論・本論・結論」**でいうと「本論」に当たるので、ここをしっかり書ければ読み手に**伝わります。**

⑤ PREP 法

　PREP法は、本来、人に話すときに使う話法なのですが、文章の型としても使えます。まず**自分の伝えたい内容を示して、それについて自分がどう思うのかを書きます。**なぜそう思うのか、事例や具体例などを出しながら書き、最後にもう一度ハッキリと伝えたいことを示します。「POINT（結論）」、「REASON（理由）」、「EXAMPLE（具体例）」、「POINT（結論）」の、それぞれの頭文字を取って「PREP法」と言います。

　「わたしはブログを財産だと考えています **POINT（結論）** 。
　それは、ブログを通じて多くの人と出会い、たくさんの仕事にもつながったからです **REASON（理由）** 。
　ブログを始めてから、オフ会やイベント、セミナーなどを通じ、これまで出会ったことのない分野の方々と知り合いになれたり、また行ったことのない場所に行くこともできました。その経験が新しい仕事にも活かされています **EXAMPLE（具体例）** 。ですから、わたしはブログを始めて本当に良かったし、貴重な財産だと考えています **POINT（結論）** 。」

　このPREP法は、文章の苦手な人にも使えます。**テーマを決めて、この型で書く練習をすれば、文章の流れがわかるようになります。**まずは短い

日記などを書くのもいいですね。慣れてくると、徐々に長い文章も書けるようになっていきます。

　どの文章の型を使うかは、テーマに合わせて決めていきましょう。練習をしていくことで、どの型だと読み手に伝わりやすいかがわかってきます。そして、徐々に長い文章にチャレンジしてください。

心をわしづかみにする
文章の書き出し例

　最後まで読まれる文章を書くためには、一行目から心をわしづかみにできる書き出しかが勝負を決めます。良い最後があるということは、良い最初があります。わたしも、いろんなパターンを駆使して文章を書いています。

　では、実際にわたしが使っている書き出しパターンをご紹介しましょう。

①問題提起から入る

「あなたは、こんなことで悩んでいませんか？　これからその問題を解決します！」

　と、最初に宣言するパターンです。ブログの記事タイトルや、小見出しを読んで、その先を読もうとしている人は、その問題を解決したいと思っている人ですから、知りたい！　と次を読みたくなります。

②結論を先に書く

　ノウハウなら、解決策を最初に書く。ストーリーなら、結末を最初に書く。これも、なぜそうなるのか知りたい人は最初から集中して読めます。ダイエットであれば、

「これからわたしが1年で10Kgやせた方法を書きます」

　と、最初に言われたら、どうやってやせたのか知りたくなりますよね。ビジネスなら「わたしが本業以外で1年に300万円稼いだ方法を公開します」と、最初に結果を見せられると、そのノウハウを知りたくなります。

③セリフから入る

「わたし、いつまでダイエット続けるのかな。もういちいちカロリー
　を気にするのは嫌！」

あなたが、たまたま読んだブログの一行目に、まるであなた自身がつぶ
やいているようなセリフが書かれていたらどうでしょうか。思わずその後
を読みたくなりませんか？

④物語から入る

セリフから入るパターンでも、まるで自分のことのように共感して引き
込まれるだけではなく、様々なパターンが考えられます。

「わたし、もうひとりぼっちなんだ……」
「あの日、わたしは、たった１人の味方を失った」

特に自分が同じ状況でなくても、１行目のセリフと、２行目の物語調の
文章で、思わず引き込まれます。なぜ１人になってしまったのか、詳しく
は書かれていないところも、その理由を知りたくなりますね。

いかがでしょうか。いずれも、興味を持ってもらうにはかなり効果的で
す。かと言って、ただ興味を持たせればいいのかといえばそんなことはあ
りません。**ゴールイメージもしっかり描いておかないと、最後まで読んで
もらうことはできません。そのためには、ゴールに導くまでの構成をしっ
かり考えることです。**車のナビでいうとどんなルートをたどるのか。次に
そんな話もしていきますね。

文章の出だし、中盤、
締めの文章とは

　読む人にインパクトを与える「文章の書き出し例を4パターン」をご紹介しました。いずれも、1行目から読む人の心をつかみ、続きが気になる強力な手法ですのでぜひご活用ください。

　では、改めて4つの書き出しパターンをご紹介します。

❶ 問題提起から入る
❷ 結論を先に書く
❸ セリフから入る
❹ 物語から入る

　ただし、この4つの書き出しパターンは取扱注意です。
　それは、この4パターンを使うなら、各々のパターンに合った、中盤、締めのイメージもあらかじめ決めておく必要があるということ。
　なぜなら、これらの書き出しは、最初に持たせた期待に、文章の中盤、締めで応えることを前提に設計されているからです。
　わたし自身、紹介した4つの書き出しパターンを使うときは、あらかじめ中盤と締めの文章をイメージしてから使っています。
　思い切りあおっておいて、期待に応えないまま終わってしまう文章は、過大広告と同じ。そうならないよう、4つの書き出しを受けての中盤、締めについて考えてみましょう。

中盤

　文章の中盤の役割は、書き出しの文章を受けて締めへとつなぐことです。

ではそれぞれのパターンにおいて、中盤をどう書くかご紹介します。

- 問題提起なら、具体的な解決策を示す
- 結論を先に示すなら、その結論に至るまでのエピソードを書いていく
- セリフから入るなら、共感を示し、自分の体験談を書く
- 物語から入るなら、謎解きをしていく

締め

締めの文章には、書き出しの伏線回収が求められます。書き出しであげたトスを、中盤でドリブルして、最後にシュートを決める。文章を書く前に着地点を考えるという話をしましたが、書き出しで心をわしづかみにして、中盤で根拠を示し、わしづかみにした読者の心を納得させる必要があるのです。

- 問題提起から入るなら、中盤で根拠を示し、最後に、「だからだいじょうぶ」と背中を押す
- 結論から入るなら、中盤でそうなるためのメソッドを語り、最後に「だからこうだったんです」と最初の結論に帰る
- セリフから入るなら、中盤で自分の体験談を書き、最後に成功した着地点を示して納得してもらう
- 物語から入るなら、ある意味、違和感を与える手法なので、謎解きをして最後に、感動したり安心ができるエンディングを見せる

文章を書くことに慣れてくると、書きながらこれはこのパターンだ！と展開していけますが、**これから文章力を磨きたいあなたは、書き始める前に読ませる構成になっているか、書き出し、中盤、締めのパターンを確認してくださいね。**

書いてすぐにUPしない！ 文章を読み返し、一晩寝かせるメリットとは

　これまで、のべ2000人以上にブログについてお伝えしてきたなかで、受講生に「書いた記事を読み返しますか？」と聞くと、なんと、しっかりと何度も読み返すと答えた人はわずか1割。1回だけザッと読み返す、と答えた人が7割。残りの2割は、読み返さずに投稿すると。わたしはライターなので、この状態にかなり驚きました。

　ブログ記事に関して言えば、修正可能な媒体なので、そんなに神経質に考えることもないのかもしれませんが、わたしは**やっぱり読み返して推敲すること、書いた文章を寝かせることは大切**だと考えています。
　読者に対して何かを伝えたい、集客したい、何かを販売したいなど、目的を持って真剣に書いた文章であればあるほど、回りくどかったり誤字があったりしたら、一気に説得力が半減します。それは読み返せば回避できる部分もたくさんありますから、ぜひ読み返すことは習慣にしていただきたいです。

　特に、長い文章を書いたときには注意しましょう。長ければ長いほど、途中で話題が飛んでしまったり、読者を迷子にさせてしまうことも。SNS、とりわけブログに関しては、あまり長文は好まれない傾向にあります。もちろん、書き手にファンが多い場合は、長くても読んでもらえますが、**全ての記事が長文だと読み手を疲れさせてしまいます。**ですから、ブログ記事が長くなりそうな場合は「分ける」ことをオススメしています。このときも、読み返すことは必須。前後の文章のつながりは良いか、不自然になっていないか、できれば何度も読み返して文章の流れをチェックしましょう。**書き手は何回かに分けて書いていても、読み手は一気に読みます。**そこを忘れないようにしてください。

💎 文章チェックのコツとは

　ここで少し、「校正」「推敲」「添削」の違いについて触れておきましょう。読み返すと言っても、様々な意味があります。「校正」は文章だけでなく、媒体そのものの内容や体裁、字句の間違い、色彩の間違いや不具合などを、全体を通してチェックして直すことです。「添削」は、文章に手を加えて、内容をより明確にわかりやすく書き直すこと。「推敲」は、文章を何度も読み返して、考えて練ることです。

　こうして並べると、文章チェックは、どれも大切なことだと感じませんか？　添削と推敲の違いが少しわかりにくいかもしれませんが、推敲は自分のため、添削は他人のためにするもの、とイメージしてください。

　また、ブログ記事に関しては、書いたらすぐに投稿したくなりませんか？　わたしはなります。ですが、そこはグッと我慢。一晩は寝かせるようにしています。

　手紙やメールなど、特に夜に書いたものは、すぐに送ってはいけないと聞いたことがないでしょうか。夜に書くと、感情がふだんより乗ってしまい、朝に読み返すと、「え？」と思うような恥ずかしく感じる表現をしていたり、意外と誤字があったりするもの。朝に読み返すことで、冷静に見て手直しすることができます。人の脳は、夜よりも朝のほうが冷静だと言われていますから、朝に読み返すことで、冷静に文章を見る（読む）ことができます。

　冷静に見る（読む）ことの大切さ、わかるでしょうか。冷静に見るというのは、その文章を初めて読むような気持ちで読むということ。その文章を初めて読む読者の視点になるということです。手紙やメールと同じく、ブログ記事も気分が乗っているとそのまま投稿したくなる気持ちはわかりますが、読者視点はとても大切。読者に共感されるか？　望む動きをしてもらえるか？　など、自分勝手な文章は何も生みませんから、書いた文章を寝かせる、客観的に読む、手直しをする。その繰り返しが、読者に伝わる文章になる秘訣の一つです。

　では、具体的に文章をチェックするために大切な方法をいくつか紹介し

ます。

> 文章を書き上げてから、校正するまで時間を空ける（文章を寝か
> せる）
> できれば文章を書く時間より、校正する時間に集中する
> 書いた文章を音読する
> 他人に読んでもらう

　まず、これらを意識しましょう。毎回のブログ記事にここまでする必要
はないかもしれませんが、記事を書くたびに意識することで、文章力は確
実にUPします。「**文章を書くこと**」と「**校正すること**」はセットなので、
忘れないでくださいね。

その文章
一晩寝かせて！

特に夜に書いたものは要注意です。
夜は感情が乗りやすく、後で読み返したときに
恥ずかしくなる表現をしてしまった！
なんてことが起こる可能性が高いのです。
人の脳は朝のほうが冷静と言われていますから、
朝に読み返してみることをオススメします。

WEB文章の見直し、 10のポイント

　書いた文章を読み返すなかで、**必ずチェックすべきポイントをお伝えします**。細かい部分もありますが、これができているのといないのとでは、**読み手の読みやすさが大きく変わります**。チェックすることが習慣になると、ふだんからできるようになりますので、意識していきましょう。

① 一文の長さは40字程度になっているか
② 接続詞をたくさん使っていないか
③ ひらがな：漢字：カタカナの比率＝７：２：１になっているか
④ 箇条書きを活用しているか
⑤ 専門用語を使っていないか
⑥ 「てにをは」や「の」が、続いていないか
⑦ 「ですます調」「である調」が統一されているか
⑧ データが間違っていないか、誤字脱字がないか
⑨ 事例が入っているか、イメージがわくか
⑩ 著作権を侵害していないか

一つずつ説明していきます。

①一文の長さは 40 字程度になっているか

　以前は、一文の長さは60文字程度、と言われていました。ですが、**活字離れが叫ばれているなか、一文を短くし、段落も少なめ、漢字も多用しない、ということで、誰もが確実に読みやすくなる方向に進んでいます。**

②接続詞をたくさん使っていないか

　一文が長くなる原因の一つに、接続詞を多用していることがあげられます。わかりやすいのは、話の方向性が変わったり、別の意見を言いたいときに、「〜ですが」と文章を続けてしまうこと。**文章を続けたくなったら、一度「。」で終わらせて、続いて「ですが、……」と書き始めましょう。**

③ひらがな：漢字：カタカナの比率＝7：2：1になっているか

　この比率は、WEBだけでなく、雑誌や書籍でも意識されています。理由は簡単、紙面上でも、パソコンやスマートフォンで見る（読む）場合も、漢字が多いと画面や紙面が黒くなるからです。黒くなると、人の目は単純に「読みにくい」「読みたくない」という反応になるために、できるだけひらがなで意味が伝わる言葉はひらがなにして、読みやすくする工夫がされています。

④箇条書きを活用しているか

　何かしら物事を説明する文章を書くときは、ダラダラと説明するのではなく、**箇条書きを使うと人は読もうとしてくれます。**そして、箇条書きで書く前に「お伝えしたいことは3つ」などと先に書くと、読み手は「あ、3つなんだな。それじゃ読んでみよう」という姿勢になってくれます。

⑤専門用語を使っていないか

　これが、書き手が気づかないこと1位かもしれません。**人は、自分が知っていること、わかっていることは読んでいる人も知っていると思いがちです。**ところが、そんなことはありません。誰もが知っているという勘違いはなくしましょう。なるべく専門用語は使わず、誰もが読んで意味のわかる言葉を使ってください。

⑥「てにをは」や「の」が、続いていないか

　これも、やりがちですね。「わたしの、今日一日の、スケジュールのなかで……」と、助詞が続くパターン。あなたもやっていませんか？　これは文章のリズムが悪くなり、読みにくくなります。句読点に注意したり、別の助詞で意味が伝わらないかと考えて、「てにをは」や「の」の連続には気をつけましょう。

⑦「ですます調」「である調」が統一されているか

　一つの記事のなかで、「〜です」「〜でした」と書いているのに、途中に「〜だ」と書いていると、読み手は違和感を覚えます。小説やエッセイなら、シーンのなかに表現として使われることはあるかもしれませんが、**SNSの投稿やブログ記事では、「ですます調」か「である調」かは、最初に決めて統一してください。**

⑧データが間違っていないか、誤字脱字がないか

　何かを説明したいときは、その根拠を文章のなかに入れる必要があります。ですが、入れたいデータや数字などが間違っていては、大事なことが伝わりません。誤字脱字も同じく。しっかりと見直して、正しい情報を入れるようにしましょう。

⑨事例が入っているか、イメージがわくか

　物事を説明したいときに、できればそのことに関する^{心12}**わかりやすい事例があると、読み手はそれを頭のなかでシーンとして浮かべ、理解してくれます。**自分自身も読んでいて、イメージがわくか、しっかり考えて文章のなかに入れてください。

⑩著作権を侵害していないか

著作権とは、小説、音楽、美術、アニメなど、誰かの思い、考え、アイデアを出して表現された作品（著作物）を、守るためのものです。子供が書いた作文にも、あなたがSNSに投稿した文章も、ブログ記事にも、それぞれ著作権があります。**あらゆる作品を勝手に真似する（模倣する）ことは、著作権侵害に当たります。**これは、法律で守られていることなので、**勝手に文章をコピーして使うことは、絶対にやめましょう。**著作者に了解を得て作品（記事）を紹介することはいいですが、あくまでも了解を得てからのこと。そこは守ってくださいね。

以上、文章の見直し10のポイントをお伝えしました。文章を見直した上で、全体的に読みやすいか、理解しやすいか、親しみやすいか。そして、読み手が納得できるか、共感できるかを見直しましょう。

WEB文章の見直しチェックポイント10

☑ ①一文の長さは40文字程度になっているか

☑ ②接続詞をたくさん使っていないか

☑ ③ひらがな：漢字：カタカナの比率

　　＝7：2：1になっているか

☑ ④箇条書きを活用しているか

☑ ⑤専門用語を使っていないか

☑ ⑥「てにをは」や「の」が続いていないか

☑ ⑦「ですます調」「である調」が統一されているか

☑ ⑧データが間違っていないか、誤字脱字がないか

☑ ⑨事例が入っているか、イメージがわくか

☑ ⑩著作権を侵害していないか

WEB文章簡単5原則

文章の型や、見直しポイントをお伝えしましたが、ここではWEB文章を書く上で、**読み手の心をつかむための、簡単な5つの方法**をお伝えします。

① 小学生でも伝わる言葉を使って書く
② 画像を入れる
③ 全体像から細かい内容へと進める
④ 大事なことは繰り返す
⑤ 自分自身のことを書く

一つずつ説明していきます。

①小学生でも伝わる言葉を使って書く

先ほど、できるだけ専門用語は使わないと書きましたが、**文章を書く上で、難しい言葉を使わないことは本当に大切です。できれば小学校6年生でもわかる言葉を使うのがいいでしょう。**文章は、最後まで読んでもらってこそ。難しい言葉で、読み手が途中で止まらないようにしてください。

②画像を入れる

どうがんばっても、文章では伝わらないときがあります。視覚で訴えたほうが伝わると思ったら、思い切って画像を載せてしまいましょう。例えば、商品そのものを見せたいときは、**いくら文章でツラツラ書いたとしても、画像を見せれば一目瞭然**ということも。どちらが伝わるかを考えて、選ぶようにしていきましょう。

③全体像から細かい内容へと進める

　何かしら伝えたいことがあるときは、**全体像を書いてから細かい内容を書くようにしましょう**。例えば、料理だとわかりやすいでしょうか。料理のメニューを伝えてから、材料やレシピを順番に書くということです。逆に、いきなりレシピから書いたとしたら、人は何を作ろうとしているのかがわかりません。文章の流れも「大→中→小」を心がけ、伝わる文章にしてください。

④大事なことは繰り返す

　1記事のなかに、同じことを何度も書くことはダメだと考えている人が多いですが、そんなことはありません。人は、1回か2回読んだくらいでは記憶に残らないもの。**本当に伝えたいことは、何度も書くようにしましょう**。PREP法でも伝えましたが、最初に伝えたいことを書き、最後に念押しで書くことも良いでしょう。工夫をしながら、何度でも伝える工夫をしてください。

⑤自分自身のことを書く

　これは、「その文章の内容を誰が言うのか」ということです。長々とプロフィールの文章を書く必要はありませんが、**書いている内容に関して、あなたはどれくらい詳しいのか、どんな立場で発信しているのか、文章のなかに入れることで説得力が増し、伝わる文章になります**。特にWEB上では、同じことを発信していることが多いです。他の人とあなたはどこが違うのか、読み手にそのことを知ってもらうためにも、あなた自身のことを書くことを忘れないようにしましょう。

　一つひとつは、とても簡単なことですが、それらが一つの記事に全て盛り込まれているかは別のこと。「必ず伝えたい」と考えている記事に関しては、この5原則をできるだけ入れるようにしてください。

押さえておきたい５つの
映え文章ツール

　WEBの世界では、映え（ばえ）という言葉が一般的になっていますね。「映え」の元々の意味は輝いて見える、ひときわ良く見えることを表す言葉で、本来、「ばえ」ではなく「はえ」と読みます。

　2017年にユーキャンの『流行語大賞』で「インスタ映え（ばえ）」や「SNS映え（ばえ）」などの言葉が大賞を受賞し、2018年には三省堂主催の『今年の新語』でも大賞に輝きました。

　そこから、あらゆるものを見映え良くすることが動詞化して、映える（ばえる）と言うようになりました。

　文章にも、それを使うことで、見映えが良くなる映え文章ツールがあります。ここでは、誰でもすぐに使える、映え文章を書くために効果的なツールを５つ、ご紹介します。

①事例

　事例とは、実際の体験談を書くこと。文章に説得力を増すために効果的です。精神論の押しつけではなく、実際にあった話を書くと、なるほどと納得できて、さらにその文章を読みたくなり、自分もそうなるのかなと勝手に自分に置き換えて文章に引き込まれます。

②たとえ

　たとえとは、特定の事柄をわかりやすく伝えるために、具体的な事柄を使うことです。たとえ話が事例になっている場合もありますが、個別な事例よりは、汎用性の広い、**誰にでもイメージしやすいことだと、興味深く、文章に引き込まれます。**

③寓話

　寓話とは、教訓を物語で伝えることです。たとえや、事例と違って実際に起きた話ではありません。ですが、実際に起きる出来事にも言えると思える話です。古代ギリシアのイソップ寓話や、アリとキリギリスや、田舎のネズミと町のネズミ、北風と太陽など有名な寓話がたくさんあります。

　多くの場合、動物が出てきてあらすじもシンプルですが、教訓になるおとぎ話ですので、その内容は深く、ドキッとします。

　教訓を文章化すると、厳しい話になりますが、寓話を使うことで、一見ファンタジーな雰囲気で心にササリます。シンプルに教訓を受け取りやすくなる寓話はうまく使うと文章が映えます。

④ことわざ

　ことわざもうまく使うと文章の良いスパイスになります。誰か特定の人の言葉ではなく、昔からの言い伝えから来ていて、個人を超えた、そういうものだ、というラスボス感があります。**コンパクトにまとまっているので、本文を圧迫せず、天の声のような気づきを表現したいときに、ぴったりのことわざがあればぜひ使ってみてください。**検索すると、有名なことわざ100選などをまとめたWEBもありますので、ブックマークしておくと、ぴったりなエピソードに遭遇したときに、効果的に使えます。

⑤四字熟語

　四字熟語と言うと、あまりなじみがないと思うかもしれませんが、意外と無意識に日常生活で使っています。例えば、「あのときは無我夢中でした」「苦手な人は反面教師だと思っています」などといった会話をあなたもしていませんか？　文章を書いたとき、一番多くの比重を占めるのがひらがなです。**全体的に見て、柔らかい文章の流れのなかに漢字4文字の四字熟語があると、見た目にも重厚感が増し、的を得た使い方をすると、説得力にもつながります。**「人気の四字熟語」などと検索すると、ぴったりの言葉が出てきます。

事例、たとえ、寓話、ことわざ、四字熟語などの効果的な使い方

映え文章を作る5つのツールをご紹介しましたが、実際に文章を書くときにどう使えばいいのか、効果的な使い方例をお伝えします。

①事例

「人は食べるものでできています。食生活を変えれば人生は変わる。」

確かに、スタイルが良くなったり、健康になったりするのは想像がつきます。でも、人生が変わるなんて大げさだな、と思いませんか？

わたし自身が、スタイルアップを目指して食生活を見直したときも、単にスタイルが良くなることが目標で、人生を変えたいとまでは思っていませんでした。1年で10Kgやせる経験をして、「食生活を変えれば人生が変わる」を実感しました。

スタイルが良くなったのはもちろんうれしい。だけど一番変わったのは、考え方だったのです。あらゆることを受け入れる力、そして決断力。これからの人生、何があってもだいじょうぶと思える万能感。体のスッキリに比例して、心もスッキリしていたのです。

「食生活を変えれば人生は変わる」。これはかなり精神論っぽいですが、**わたし自身の体験した事例を書くことで、説得力が生まれ文章を映えさせ**られました。

②たとえ

自分が文章を書いても誰も読みに来ない、そう思っていませんか？
あなたの文章が読まれていないのは、あなたが自分の書いた文章の存

在を誰にも知らせていないからです。その前に、そもそもあなたは文章を書いていますか？

　例えば、あなたが今すぐブログを立ち上げ、そのブログを明日見たら10個のいいねがついたとします。10いいねしかないのか、やはりわたしが文章を書いても読まれないんだ、とがっかりするかもしれませんが、少なくともその10人はあなたがブログを立ち上げなければ読んでいなかった人たちです。それを毎日繰り返し、10人が20人、20人が30人と増えていき、いつかは100人、1000人になる。読まれる文章の始まりは、文章をうまく書くことではなく文章を書いて、公開することです。

　説教くさくなりがちなダメ出しも、イメージしやすいたとえ話を入れると、なるほど、確かに！　と思えませんか？　**たとえ話を書くなら、誰が読んでもイメージできるわかりやすい話を選んでください。**

③寓話

　あなたは、チャレンジして失敗したときに、どんな風に考えますか？　イソップの寓話に『酸っぱいブドウ』という話があります。

　お腹を空かせたキツネが、たわわに実ったブドウを見つけました。食べようとして懸命に跳び上がりますが、実は木の高い所にあって届きません。何度跳んでも届かず、キツネは「どうせこんなブドウは酸っぱくてまずいんだ。食べなくて良かった」と、負け惜しみの言葉を吐き捨てて去っていきました。

　夢が実現できなかったときに、どうせやる価値がなかった、自分にはふさわしくないものだったと無意識に思い込もうとする。本当は叶えたかったのに、チャレンジしたことも、夢そのものまで否定してしまう。人が負け惜しみを言うのは心の平安が欲しいとき。ですが、敗北感を心の奥底にしまい込み、自己否定が大きくなるだけ。挫折したときこそ、自分の本音と向き合うことを忘れないでください。

　寓話の主人公であるキツネの行動は、フォロワーのことを指しているのですが、キツネの話なので責められた感がなく、しかも自分自身を振り返

ることができるという、ワンクッションおいて客観的に受け止められる効果があります。

④ことわざ

　今日はZOOMオフ会、ZOOM映えを考え、しっかりメイクして髪を整え、ジャケットを羽織った。背景に花が写り込むように花びんも移動、これで完璧と参加ボタンを押して愕然！　ごちゃごちゃに散乱した本棚が写り込んでいた。急いでカメラオフにして本棚を整え、再度参加ボタンを押した。「頭隠して尻隠さず」、ふだんから部屋を綺麗にしておこうと反省した。

欠点を隠したつもりでも隠しきれていなかったことの例として、ことわざを使いました。こんなときのことわざは、便利ですよね。

⑤四字熟語

「一心不乱」に、WEB文章術の原稿を書いていました。時計を見たら3時間も経っていてびっくり！

　四字熟語は、実はポピュラーです。漢字の組み合わせで、どんな状態なのか情景が浮かびますよね。なんとしても書き上げる！　という強い意志を感じます。**今の自分の気分にぴったりの四字熟語がないかを調べて、どんどん活用しましょう。**

　ご紹介した5つの映え文章ツールは、使わなくても文章を書くことはできます。ですが、そこにプラスすることで文章に説得力が増したり、イメージしやすくなったり、知性を感じたり、ワンクッションおいて受け取りやすくなったり、ただ気持ちを書くよりも力強さが伝わったりと、文章に深みをもたらしてくれます。一手間かけることで確実に文章が映えます。ぜひ試してみてください。

Chapter 4　ワークシート

【ワーク1】

あなたは今までどのような文章に心をわしづかみにされましたか？
具体例もご紹介しました。様々な工夫が必要とされますが、♣マー
クの1〜14の太文字表記の本文のなかから特に「なるほど！」と感
じた文章の番号を選び、5つ以上書き出してください。

【ワーク2】

ワーク1で選んだ文章の番号のなかから、今すぐ意識しようと思っ
たことを2つ以上選んでみてくださいね。

心をわしづかみにするWEB文章術

Chapter 5

人を動かす
WEB文章術と
タイトル

「これは自分のことだ！」と 感じてもらう文章とは

Chapter4では、心をわしづかみにして、読ませるWEB文章を書くためのテクニックをお伝えしました。Chapter5ではさらに進めて、人を動かす文章にはどのような要素が必要なのか、具体的なWEB文章術と、魅力的なタイトルのつけ方の実践例、ビフォーアフターをお見せします。

文章を読んでいて、これってわたしのこと？　と感じたことはありますか？　**あなたの文章を読んだ人が感動したり、サービスに申し込まれるには、自分のことだと思ってもらう文章を書く必要があります。**どうすれば、そんな文章が書けるのでしょうか。

自分のこと？　と思われる文章が書けるようになりたいあなたに、まずやってほしいのは、ありのままを文章にすることです。**あなたの心を強く動かす出来事が起こったときに、ブログやFacebook、Instagramなどの投稿で、ありのままの自分の気持ちや、見て感じたままの情景を文章にしてみてください。**

ここで文章がうまく書けないと、書くことをためらう人が多いのですが、文章がうまいかうまくないかは重要ではありません。文章は、書き続ければ必ず上達しますので、安心してください。今のあなたに書ける文章こそが、あなたのありのままなのです。

それよりも**注目してほしいのは、文章を書いているときのあなたの気持ち**です。
文章を書くには、出来事に遭遇したときと同じ気持ちになって、状況を

もう一度見ている感覚にならないと、文字での情景描写はできません。再現ドラマを見るように、あなたの心が強く動かされたときと同じ気持ちになり、その場の情景をもう一度思い出しながら、その感覚を素直に文字にする。それがどういう感覚か捉えられるようになったときに、他人が読んでも「わたしのことのようだ」と感じてくれる文章になるのです。

わたしは、自分と全く違う体験をした人や、自分と考え方が違う人であっても、その気持ちになって文章を書くことができます。そのため、「どうして、わたしの気持ちがわかるんですか？」と言っていただくのですが、どういう感覚で文章を書いているかといえば、**その人物として文章を書いているのです。**

俳優さんが役を演じているのに感覚が近いかもしれません、その人の気持ちになるというよりは、その人として文章を書いているのです。自分ではなく、その人物が日記を書いている感覚ですね。

初めは、感動している自分のまま素直に文章を書くことは難しいかもしれません。ですが、あなたが感動していることは確かですから、**あなたは必ず感動を文章にできます。**まだ、気持ちや情景を文字にするということに慣れていないだけですから、くじけずチャレンジしましょう。

うまく文字化できないときは、うまく書こうとしているからです。本当に感動したときは、そんなにひねった言葉は出てこないもの。自分の気持ちをありのまま文章に表現することに慣れてきたら、そのときの自分の体感覚に注目しましょう。本当に感動したら、体の感覚を感じるなんて忘れそうですが、それを体感することが、人の気持ちがわかる文章を再現する第一歩です。

感じたままを文章にする力を鍛える方法とは？

この感覚を磨くには、文章化するだけではなく、**ふだんから感じたことを言葉にするクセをつけてください。**すごく衝撃を受けたり感動したりするような出来事は日常のなかでそうそうないと思いますが、おいしい、うれしいなど小さな感動でもいいんです。実は、感情をありのまま表現する

ということに抵抗感を持っている人が結構います。人生において、そうなってしまう経験があるのかもしれないですが、自分の気持ちを表現することを誰が責められるのでしょうか。もしも心当たりがあれば、**自分の気持ちを表現することにOKを出してくださいね。**

さて、残念ながら、人は良いことよりも悪いことに遭遇したとき、強く心を動かされる傾向があります。わたしも1月17日の阪神淡路大震災の日や、3月11日の東日本大震災の日には、当時を振り返り、今に感謝するブログを書きます。

母が亡くなったときのことですが、スマホ越しに母に話しかける姉の声を思い出しながら、ブログを書いたときは涙が止まりませんでした。今も書きながら鳥肌が立ちます。

文章を書いて、悲しいことを思い出すのはつらいと思いますが、悲しいことを文章に書くと素直な気持ちを表現できて、書くことで心が癒されます。あなたが乗り越えたい悲しい出来事があれば、文章を書いてみてください。

また、わたしは毎年4月1日のエイプリルフールに夢が叶ったていでブログを書いています。海外旅行に行った、憧れの家に引っ越した、出版した本がミリオンセラーになったなど、実際には起こっていない出来事を、日記に書くようにブログを書くのです。そのシーンに合う写真も載せます。これをやると、その人として文章を書く感覚がわかるかもしれません。自分が叶えたいことだから、夢が叶ってうれしい気持ちになれる、だけど実際には起こっていないことだから、演じる訓練もできる。

夢が叶った自分として文章を書くことに慣れたら、次に他人の気持ちになって文章を書くことにチャレンジしてください。この感覚が身につけば、あらゆる人に共感される文章が書けるようになります。

「わたしでもできる！」と
感じてもらう文章とは

「わたしでもできる！」と感じてもらう文章は、その人の背中を押す文章と言い換えていいでしょう。読み手を励ましたり、行動を促す文章ですね。

文章は本当に深いもので、言葉一つで人を喜ばせたり、悲しませたり、励ますこともできるし、怒りや憎しみを生むことだってあります。だからこそ、せっかく使う言葉なら、喜ばせたり元気づけたり、良い意味で使いたいもの。

また、**心を動かす文章は、上手い下手ではありません。**それこそ「心」があるかどうかだと。それが伝わるのが、**体験談**です。その人が体験（経験）したことを伝えている文章には、感動したり泣けたりしますよね。なぜなら読み手が追体験ができるからです。

まさしく、わたしにも、同じ経験があります。プロローグにも書きましたが、病気をして自宅療養をしている期間にパソコンを持つことができました。**インターネットの広い世界を知り、「こんな世界があったんだ！」と感動したことを覚えています。**それから、「家にいながらできることはないか？」と必死で探す日々。

そこでわたしは、ネットオークションを知りました。インターネットの世界には、わたしと同じような専業主婦や学生たちがたくさんいて、それぞれが工夫をしながらオークションをされています。丁寧にオークションの手順を教えてくれるページもありました。今思えば、役立つページを作ってアクセスを集めていたのでしょうが、わたしにとっては「専業主婦でもできるかも？」と思わせてくれる、救世主のようなページでした。

では、どうして「わたしでもできる！」と思えたのか。分析すると、

- 一つひとつの説明が簡単だった
- 一つのハードルを低く設定してくれた
- 難しいインターネット用語がなかった
- 手数料や送料など、お金に関することも丁寧に書かれていた
- 家にある不用品が売れることを強調されていた
- 経験談がたくさんあったことで、主婦でもだいじょうぶだと思えた
- 小さな成功体験を積むことができた

　これらのことを思い出します。Chapter2のキーワードのところでも書きましたが、「大テーマ」から「中テーマ」、そして「小テーマ」を文章の中でたくさん出すことで、**読み手はどこかに必ず引っかかります。**どこかで引っかかれば、読み手は他の文章も読んでくれるのです。

　わたしの場合、「大テーマ」で「オークション」を知りました。次に「中テーマ」で、大まかな「方法」を知ります。そして、「小テーマ」をたくさん出してくださったから、疑問や不安を払拭でき、行動に移せたのです。

　もしあなたが、何かの本や誰かの文章に背中を押された経験があるなら、その言葉や文章をメモするようにしてください。真似をする必要はありませんが、その言葉や文章を集めていくと、あなたも誰かの背中を押す文章を書けるようになります。あなたが背中を押されたのなら、その経験を記事に書いてシェアするだけでも、読み手の誰かは「わたしでもできる！」と思ってもらえるはずです。

　人は、得られる結果をイメージできると、背中を押され「自分にもできるかも？」と思えます。ならば、あなたが誰かの背中を押したいとき、励ましたいときは、それこそ相手の顔を思い浮かべて、たくさんの言葉（キーワード）を出し、一つひとつの記事に思いを込めて書きましょう。

脳内にシーンが浮かぶ
具体例の入れ方

　脳内にシーンが浮かぶ具体例を文章化するには、二つの力が必要です。文字化能力、そして想像力。この二つの力を確実に磨くには、豊富な人生経験をして、その経験を文章化できる力をつけること。

　そう言うと「わたしの人生は平凡で、たいした人生経験がないんです」と言う人がいます。確かに、たくさんの人生経験を積んで、一つひとつの体験を文章化できるに越したことはありませんが、そんなに多くの経験をしなくてもだいじょうぶ。誰でも観られる映画やドラマでもいいし、日常でもいい。

　むしろ、脳内にシーンが浮かぶ具体例とは、誰が読んでもそのシーンが浮かぶということですから、誰にでもイメージできるシーンを、誰にでもわかりやすく書く必要があります。**そのシーンは、ありがちなほうがいい。まずは見たシーンをあなたの言葉で文章化する訓練をしましょう。**

見たシーンを言葉にする具体例

　特別ドラマチックなシーンじゃなくてもいいんです。例えば、家のなかでのんびりくつろいでいるのもシーンの一つ。ですが、単に「家のなかでくつろいでいます」と書いても情景は浮かびませんよね。あなたが、家のなかでくつろいでいるシーンを文章で表現してくださいと言われたら、どんな文章を書きますか？

　エアコンのスイッチを入れ、温かい紅茶を入れて、近所の雑貨屋で買ったばかりのビロードのクッションをロッキングチェアに置き、腰掛けた。ゆっくり体を揺らしていると眠気が襲ってきて、気がつくとわたしはウトウトしていた。

暖かくて、ついウトウトしてしまいそうになる家のなかでくつろいでいるシーンが浮かんできたでしょうか？　ちなみに、このシーンのどれを取ってもわたしの日常にはないものですが、情景を思い浮かべて体感しながら書きました。全く事件は起こっていませんが、情景が浮かんで体が温かくなってきませんか？

　常日頃から、状況を文章にする訓練をしてください。やっているうちに、この例文で言えば温かい紅茶、雑貨屋で買ったビロードのクッション、ロッキングチェアなど、情景が浮かぶ小物を文章で表現できたり、ゆっくり体を揺らす、眠気が襲ってきてウトウトするなど、情景が浮かぶアクションが文章化できるようになります。この場合、小物やアクションは、誰に言ってもそれがイメージできるようなわかりやすいものを選びましょう。これが一つだけだと単調になりますが、いくつものアイテムやアクションを重ねることによって細かい描写になります。

　脳内にシーンが浮かぶ具体例を文章化するとは、シーンを文字で実況中継する力です。あらゆるシーンを見たとき「これを文章で表すとしたら」と考えて文字にしてみてください。「暖かい部屋」を文章にするならどんなシーンを書くか。

「エアコンのスイッチを入れた」「温かい紅茶を入れて」で、体を温めようとして「ゆっくり体を揺らしていると眠気が襲ってきて」で、部屋が暖まってきた様子が伺えます。

戸田美紀＆藤沢あゆみオススメのトレーニング方法

　情景を文章化する力をつけると、いろんなシーンを見たときに、それが脳内に文章で浮かぶようになります。共著者の美紀さんは、脳内にいつも文章が流れているそうです。聞けば、読書量が尋常じゃない！　子供時代は図書室の本を全て読み、これまで8000冊以上の本を読んだそうです。

　本、つまりふだんから文章に親しんでいると、風景を見ても、その風景が文章で浮かぶ人になれるかもしれません。どんな本でもOK。本をたくさん読むことも、シーンを文章化するスキルが身につくトレーニング方法です。

では、わたし藤沢あゆみはどうかと言えば、わたしも情景が文章で浮かぶのですが、恥ずかしながら全く読書家ではありません。どれほど読書家ではないかといえば、これまでの人生で読んできた本よりも、作家になってから読んだ本のほうが多いのです。わたしの場合、子供の頃から本を読むと、自分もそんな物語を作ってみたいと思いました。読者よりも作者になりたがるタイプだったようです。

　そこで、ノートや広告の裏紙にオリジナルをちょっとアレンジした物語を創作して書いていました（早い話、劣化版です）。本のような白いノートを買って、200ページの物語を書いたこともあります。わたしの場合は、なんとか自分で物語を作り出そうとチャレンジするうちに、脳内でシーンを文字で思い浮かべるトレーニングを積んでいました。

　シーンを文字にするトレーニングを積むと、何かのシーンに遭遇したとき、このシーンはあの感じに似ているなどと、似ているものを見つける力がつき、脳内に文章で具体例が浮かぶようになります。自分自身、シーンが思い浮かぶ体質になると、そのシーンを人に文章で伝えるときも、多くの人が思い浮かべられるようなシーンを文章化できるようになるのです。

記事のタイトルづけ「8つのポイント」

　WEBサイトやブログのタイトルは本当に大切ですが、一度決めてしまうと、そんなにしょっちゅうは変えませんよね。そこで、**日々大切になってくるのが、記事タイトルです。毎日更新する人は、日々タイトルを考えるわけです。**当然ですが、記事のタイトルが読み手に伝わらなければ、誰もクリックして読んではくれません。毎回、工夫して考えるのが記事タイトルです。

　毎回の記事でタイトルを考えるのは、いつもパッと思いつくなんてことはないので、悩ましいところ。よく質問もされます。やはり**日々のことですから、アンテナを張っておくことも大事**ですね。書店に行ったときなどは書籍名、電車の吊り広告などを見つけたらキャッチコピーなど、勉強になるタイトルがたくさん出ていますから、メモしておくことも大事。また書籍のタイトルを見ていると、

- 質問系
- 煽り系
- 勧誘系
- ポジティブ＆ネガティブ系
- 簡単系

などで構成されていることが多いです。

「あなたはどうしてお金が貯まらないのか」
「年金に頼れない10年後、あなたはどうしますか？」
「メタボが解決できる3つの方法」
「モテ香水と嫌われ香水」
「10分でできる、ながらダイエット」

など、どれも見たことがある感じではないですか？　あなたのブログテーマによって、どれが一番反応が良くなるかは変わってくるでしょうが、記事ごとに当てはめて考えるクセをつけておくと、少しは考えるのが楽になるかもしれませんね。また、それが検索に引っかかって、自分のブログを見つけてもらうことにもつながります。**記事タイトルで読んでもらえる、見つけてもらえるように、書籍タイトルからヒントを見つけてください。**

記事タイトルは何度も書き直しがききますから、練習を積み重ねましょう。**どんな記事にしろ、タイトルは文章の顔なので、とても大切です。**タイトルの良し悪しで読んでもらえるかどうかがかかっていると言っても大げさではありません。自分に置き換えてみたらわかりますよね。**タイトルで中身（文章）を想像して、読みたいか読みたくないかを判別しているワケですから。**

文章は読まれないとなんの意味も持たないので、それを常に意識してタイトルづけをすることが必要なのですが、ここで一つ注意点が。**記事タイトルは、内容に合った、内容を想像してもらえるものにしましょう。**ときどき、タイトルを奇をてらったものにする人がいます。ですが、それは読んだときにガッカリされますし、次からは読みに来てもらえなくなります。そこも自分に置き換えて考えてください。

では、記事タイトルをつけて記事を書いた後に、以下の「8つのポイント」をチェックしましょう。限られた文字数のなかで、一度にたくさんのことを盛り込むことはできませんが、自己採点してみてください。

- ☑ タイトルで記事の内容を想像できたか
- ☑ 今話題のキーワードを含むタイトルか
- ☑ 自分に関係があると思ってもらえるか
- ☑ 具体的な数字が（あれば）入っているか
- ☑ タイトルが、挨拶だけではないか
- ☑ タイトルが、名詞のみではないか
- ☑ タイトルが他の人が見て意味不明ではないか
- ☑ タイトルが自分や会社の宣伝になっていないか

記事タイトルを考えることは日々のことなので、参考になる記事を読むことも大切ですし、自分自身がどんな記事タイトルに惹かれて、その記事を読みにいったのか、客観的に見ることも大切。見本は周りにたくさんあります。読みたくなる記事タイトルをつけるためにがんばりましょう。

タイトルを考えようとしたとき
パッと思いつくことはなかなか難しいかも…
日々アンテナを張って
必要な情報をキャッチしてくださいね

相手の心を動かし、
背中を押す「締めの文章」とは

「あゆみさんの言葉に、背中を押されました」

こんなことを言っていただくことがあります。どうやら、人の背中を押すのが得意みたいです。それはなぜか、自分でも考えてみました。

わたしは、**実際に対面やZOOMで目の前の人の相談に乗って背中を押している感覚で文章を書いています**。これは、2000年に初めてインターネットにアクセスして、恋愛相談掲示板で勝手に回答し始めた頃から変わりません。実際に対面して、頭のなかで相談に乗っている感覚で文章を書いているので、読んだ人は背中を押してもらったと感じてくれるのかもしれません。

2012年に対面コンサルティングを始め、**実際に、目の前に座った人の背中を押す言葉を直接伝えられるようになってからは、背中を押されたと言っていただくことがさらに増えました**。

いつも、相談に乗る人が前向きになってくれたり、行動を起こそうと思ってくれたらいいなと思いながら人の話を聞いています。それは、相談を生業にしているからということもありますが、わたしの場合、相談に来てくれた人の、人生のなかの一瞬という感覚があり、その後の人生をイメージしていることも、背中を押されたと思われる理由の一つでしょうか。

わたしは必ず、最後に聞きます。「楽しめそうですか？」「実践できそうですか？」と。**相手が「良い話を聞いた」では終わらずに、その人にとっての納得が得られているか、その人が次のアクションを起こしたくなるか、起こせそうかを重視しているのです**。笑顔が出てきたり、顔色がパッと明るくなり、そわそわし始めて、「早く帰って実践したいです！」と、そんな言葉をもらったらめちゃくちゃうれしくなります。わたしのほうが、背

中を押された気分です。

そのときの相手の反応を見て、わたしは背中を押す一言を最後に言うようにしています。文章を書くときも、締めの言葉には、背中を押している感覚があります。

締めの言葉は声に出して言ってみる

あなたが今、相談業をしていなくても、自分の文章を読んで背中を押された！　と思ってもらえるような、締めの文章を書きたいならば、実際にその言葉を声に出して言ってみることをオススメします。その声はあなた自身に聞こえていますよね。そのときに、どんな気持ちになるか、率直な気持ちを感じてほしいのです。

人は、心が動いたときに行動したくなり、思わず前進するアクションを取りますから、背中を押された感覚になるのです。

では、どんなときにそうなるかと言えば、希望を感じたときでしょう。あなたがブログに締めの言葉を書くとき、想像してほしいこと。**自分自身が、あなたに相談したとして、最後に今書こうとしているその言葉をかけられたら、どんな気持ちになるでしょうか？**　希望が持てるか、やる気になるか、前向きになれるか、アクションを起こしたくなるか、勇気がわいてくるか、心の動きを意識してみてください。これは、やってみるとわかりますが、人が背中を押されたと感じる言葉は、結構シンプルです。

　単純に「だいじょうぶ、きっとやれるよ！」という言葉
　だいじょうぶな根拠を30分くらい説明された

あなたは、どちらのほうが背中を押されたと感じますか？　もしかしたら、単純な一言が響くかもしれません。**単に記憶に残るかを考えても、インパクトのある短い言葉のほうが記憶に残りそうですね。**根拠を示し、一言で締められたら完璧でしょうか。自分ではなかなか、いい締めの言葉が思いつかないというあなたは、ブログや本を読んで、グッとくる締めの言葉に出合ったときに、それを書きとめましょう。そして、実際に読み上げて、どこがグッとくるポイントなのかを感じてみましょう。

では、「藤沢あゆみ流締めの言葉」を、いくつか例をあげます。あなたならどんな言葉に背中を押されるか、声に出して言って、ありのままの気持ちを感じてみてください。

　　だいじょうぶ、あなたならやれる
　　乗り越えられない壁なんてないよ
　　がんばってきたね、まだまだいけるよ
　　これまでの自分を信じて
　　自分を認めてあげてね
　　あなたはあなたでいい
　　あなたはこんなもんじゃない
　　あなたには無限の可能性があるから
　　あなたはあなたらしく
　　ありのままのあなたでOK
　　あなたのこれからが楽しみです
　　あなたはまだまだ伸びる
　　何があってもわたしはあなたの味方です
　　高く飛ぶ前は思い切りかがむんです
　　朝が来ない夜はない
　　乗り切ろうね
　　あなたはしあわせになるために生まれてきたんです
　　落ちたら後は上がるだけ

　あなたの背中を押す言葉はあったでしょうか？　もちろん、声に出しながら全ての言葉を書きました。文章を読んで、締めの言葉にグッと来ると、フォロワーはあなたの文章を読んで良かった、背中を押されたと思ってくれます。
　声に出して力がこもり、温かみがある言葉、印象に残る言葉。最後はそんな一言で締めましょう。あなたらしい背中を押す言葉を探してみてください。

Section 36

人が動く基本は、提案＆解決

　あなたは、どんなときにインターネット上で検索をしたり、Amazonで本を探したり、書店に行って本を手に取ったりしますか？　きっと何か知りたいことがあったり、悩んでいることがあったり、調べたいことがあるときではないでしょうか。**人は、答えを知りたがる生き物。そして悩みを早く解決したいからこそ、その答えを知っているモノ、人に対して対価を払います。**

　では、あなたは誰の悩みを解決して、何を提案しますか？　フォロワーに、どんな未来を見せますか？　ここが決まると、必然的にキーワードを出すことができますね。まず考えることは、**あなたが提案、そして解決できることは何かを明確にすること。**

　恋愛系？　ビジネス系？　コミュニケーション系？　セッション系？　ハンドメイド系？　レッスン系？　など、「大テーマ」を決めます。次は、「中テーマ」ですね。

- ダイエットの方法
- 文章の書き方
- ネットで稼ぐ方法
- 夫婦のコミュニケーション
- 賢い転職の仕方
- 世代別の美容方法
- アトピーの治し方
- マナーの身につけ方
- ファッションセンスの磨き方
- パソコンの操作方法
- 料理のレシピ

- ハンドメイド作品の作り方
- 占い
- 片づけの方法
- デザインの方法
- 喜ばれる接客方法

　きっと、世の中には提案できることが、まだまだありますね。あなたの好きなこと、経験のあることでかまいません。**過去に、誰かに喜ばれたことはありませんでしたか？　そんなことも思い出してみましょう。**

　提案できることのなかで、「これ」と決められたら、次は「小テーマ」である、たくさんの解決方法のキーワードを出しましょう。何かの作り方でしょうか。それとも考え方？　レッスン方法？　読み手のハードルを下げるために、細かく出すことが大事。細かく出したキーワードが、日々の記事になっていきます。

　フォロワーは、たくさんの知識を持つ人を信頼します。今の世の中、同じような内容を書いているサイトはたくさんあります。テーマによっては、似ている内容の記事になることもあるでしょう。そんなときは、Chapter4でもお伝えした、**「あなた自身」のことを記事でしっかりと書くことで、信頼性が増します。**

　あなたに専門性を感じたら、「あなたから教えてほしい」「あなたから習いたい」「あなたから買いたい」など、そう思ってもらえることにつながります。そうなれば、こっちのもの。ですから、そこまで充実したコンテンツをためていき、見つけてもらえるページを作りましょう。

人が動く基本は、喜び＆恐れ

　マスコミや企業が広告を作るときに、一番大事にしていることが、見る人の感情を動かすこと。感情とは、「喜び」「悲しみ」「嫌悪」「怒り」「驚き」「恐れ」のことを言いますが、**広告で使われているのは、主に「喜び」と「恐れ」の２つです。**少し考えてみましょう。巷にあふれている広告は、「○○を買うと、こんな良いことがありますよ」と喜ばせるものと、「○○がないと、あなたの生活が困りますよ」と、恐れを煽るものがほとんど。

> 「この化粧品を買うと、５歳若返ることができます」
> 「このロボット掃除機を買うと、いつもの掃除が３倍ラクになります」
> 「このジュエリーが、あなたを輝かせてくれます」
> 「このレシピで、お料理が時短できます」
> 「新作のカメラで、今まで以上に素敵な写真が撮れるようになります」

　これらが、喜ばせる広告文ですね。では、恐れを煽る広告はどのようなものでしょうか。

> 「いざというときに、この保険に入っていないと、残された家族が困ることになりますよ」
> 「このまま太ったままでいいんですか？　このダイエット器具を使いましょう」
> 「『ハゲてきた』と思ったら、この育毛剤を！」
> 「ムダ毛ケアをきちんとしないと、好きな人にふられるかも？」
> 「結婚できなくていいの？　婚活をスタートさせましょう」

これらの広告は、どこかで必ず見たことがあるのではないでしょうか。ネガティブな広告と、ポジティブな広告、どちらが良いとか悪いとかではなく、見た側の受け止め方次第で、欲しい気持ちになったり、ならなかったりします。どちらも自分が必要だと思えば買いますし、必要でなければどんな広告も心に響きません。

あなたは、どちらを選ぶ？

では、あなたが自身のWEBサイトやブログで提案したいこと（モノ）を書くときは、ポジティブ系とネガティブ系の、どちらで書きますか？

ここで一つ、覚えておいていただきたいことがあります。**広告業界の傾向として、ポジティブ系の広告には良い口コミがつき、ネガティブ系の広告には悪い口コミがついたり、クレームが多くなると言われています。**その理由は、ポジティブな気持ちで買った商品に関しては、買った本人もポジティブな気持ちで使い、自分が思い描いている良い未来にしようとするからです。

逆のネガティブ系の商品を買った場合は、商品を信用せずにネガティブな気持ちのまま使うことで、自分の思い通りにならないとクレームを言ったり、悪い口コミをするそうです。

全てがそうではないでしょうが、あなたが何かの商品やサービスを提供するときは、どちらのパターンで紹介しますか？　わたしたち一般人は、マスコミや企業のように広告で大金をかけられない人のほうが多いでしょう。だからこそ、SNSやブログを使って、人に知ってもらえるようにがんばるわけです。ならば、**あなたのWEBサイトやブログから、読み手にポジティブな文章を受け取ってもらったほうが良いと思いませんか？**

どんな商品やサービスでも、ポジティブに伝えることはできるはず。読み手に喜んでもらえる書き方をして、伝えていきましょう。

Section 38

人が動く基本は、原因＆結果

　わたしは文章を書くときに、読んでくれた人が、次の行動を起こしたくなることを願って書いています。人を動かす文章を書けたらいいですよね。ですが、**人は誰しも、動け！　と押しつけると、動きたいと思っても動く気が失せてしまいます。**あなたにもそんな経験はないでしょうか。**人が動く気になるのは、自分が心から納得できたときです。**では、どんなとき人が納得するのかと言えば、なぜ動けないのか、その原因が明確になり、動いたらこんないい結果が出そうだと実感したときでしょう。

　人に動いてもらうためには、原因と結果、両方を文章のなかに提示することが大切なのです。

◆ 絶望しても、希望が見えれば人は動ける

　どんな困難なことでも、原因さえわかれば、解決できる可能性があるとわたしは思っています。絶望してしまうようなつらい現実も、なぜそうなっているのか原因がわかることは、どんなネガティブなことであっても、解決の種をまくことなのです。まずは、原因を提示する。次にそれをどのように解決していくのか、最終的にどんな結果が得られるかを紐解くことができれば、希望が見えてきて、人は動き出すのです。人生に偶然はないという言葉がありますが、**全ての結果には、必ず原因があります。それは残酷でもありますが、救いがあるとも言えるでしょう。**

　今、目に見えている自分の状態や環境に納得できていなくても、必ずそれを作った原因があります。

　　● 食べなければ太らない
　　● 働かなければ稼げない
　　● 種をまかなければ花は咲かない

では、自分自身にとっての種とは何か、それは自分の思いです。**あなたの文章を読んでくれるフォロワーの行動を、あなたが変えることはできませんが、提案はできます。**すでにまいてしまった種は取り返せません。ですが、そこでもうこんな人生は嫌だと思ったなら、いや、思えたなら、そのときこそ希望の種がまける。そうしたら次の結果は望み通りになる。新たな思いは新たな結果を生み出すのです。自分をとりまく環境を変えるためには、原因を作り出す前の、思いを変えることが必要です。**全ての結果が思いの種からできているとしたら、望む結果が出る思いの種を最初からまけばいい。**本書でも文章を書く前にゴールイメージを描いて設計しようと書いていますが、望む結果につながる思いの提案なら文章でもできます。

　それでも、望む結果が出ないこともあるでしょう。ですが、全ての失敗は経験値、成功に変えられます。そこからまた思いの種をまく提案をします。わたしは、コンサルティングに来てくれた人がどんなネガティブな思いを伝えてきても、ポジティブな提案を打ち返します。**失敗はいつだって出発点。全ての経験を糧にして、成長を繰り返せれば、原因は望む結果を生み出す可能性でしかないのです。**

　何もかも失ったなら、それ以上失うものはありません、あとは新たに手に入れるだけ。最悪な状況に陥れば、それ以上最悪なことは起こりません。それ以上落ちることはないから後は上がるだけです。何もかも失ったときは、何もできない気がしますが、生きている限りできることはあるものです。**どんな小さなことでもいい、今すぐできることからやりましょう。**

　毎日散歩することだったり、早起きすることだったり、掃除をすることだったり。それは世の中に大きな影響を与えることではないけれど、自分には大きな影響を与える思いの種です。例えば、それを１ヶ月続けることができれば、自分は決めたことをやり遂げられる人間だ、自分にもできることがまだあったと小さな自信が生まれ、他にもできること、やりたいことが出てきます。やがて、できることは少しずつ増えていき、大きくなっていきます。

　自分にできることが増えていけば、それは自分への自信となり、やりたいことの種となります。やりたいことがないと思っているのは、できてい

ないことが多いから。たった一つのできたことから、次のやりたいことが生まれるのです。

　全ての原因は、希望の種になることを伝え、その先には欲しい結果が待っていると伝える、それはあなたが書く文章でできることです。それに心から納得できれば人は動けます。わたしも、そんな文章を書き続ける人でありたいと思います。

　絶望の後には希望しかありません。原因と結果をセットで書くことで、人を動かす文章になるのです。

全ての結果が
「あなた自身の思いの種」から
できているとしたら……
望む結果につながる種を
まけばいいのです

今すぐできることから
始めてみませんか
小さなチャレンジを積み重ね
自分にできることが増えていけば
自分への自信となります

そのあなたの自信が
「やりたいことの種」となるのです

希望のタネ　　成長のタネ

もっと読みたくなる魅力的な
タイトルづけ３パターン

文章を読んで人が動く第一歩は、読む気になるか、興味を持てるか。

　どうすれば読みたくなるかといえば、タイトルが魅力的であること。タイトルをつけるとき、押さえておきたいポイントが２点あります。その２点とは、内容に期待できそうか、目にとまるかです。

内容に期待が高まるタイトル、３つのポイント

　面白そうだったり、ワクワクしたり、衝撃的だったり、クリックして本文を表示せずにはいられないタイトルってどんなものだろう。わたしは、タイトルをつけるときに、この３つのどれかの要素を満たしているかチェックします。

① **面白そう！**　　興味をそそられる、続きを読みたくなる
② **知りたい！**　　得しそう、役立ちそう
③ **なんだろう？**　違和感がある

　いつもタイトルづけに悩むあなたは、このどれかのポイントを押さえてみてください。そしてもう一つは、どのように表示されるか。つまり、**検索で引っかかるか、目にとまるか、WEB文章ではここが重要です。**

　どんなSNSでも20文字くらいはタイトルに使えますが、**人間の目が一瞬で認識できるのは、最初の10文字前後です。**最初の10文字前後に興味を持てる言葉やキーワードがあることが重要なのです。仮に、20文字以上のタイトルであったとしても、最初の10文字に引きがあれば、続きに自然と目線が動きます。ブログのタイトルをつけるなら、最初の10文字に命をかけましょう。

🔹 視線を釘づけにする3つのタイトルづけビフォーアフター

　同じ内容であっても、タイトルの違いで目にとまったりとまらなかったりします。具体的にどんなところに注意してタイトルをつければ目にとまり、読まれるのか、タイトルづけビフォーアフター〈例〉を見てみましょう！

　● タイトル例 1
・ビフォー：お金をかけずにスタイル良くなりたくないですか？　僕
　　　　　　が1年かけて10Kgやせるために実践した7つの方法
　↓
・アフター：1年で10Kgやせる7つの方法。お金をかけずにスタイ
　　　　　　ルアップした僕の実践報告

　ビフォーは、37文字まで読まないと結果がわかりません。この言葉は本文の1行目に書けば訴求を高める良い導入ですが、タイトルのトップには長すぎます。
　アフターは、最初の10文字で結果がわかります。興味がわいて、目線を動かすとお金をかけずという文字が目に入り、さらに興味を引きますね。7つの方法など、数字が明確だと興味を引きます。ビフォーは数字も最後まで読まないとわかりません。

　● タイトル例 2
・ビフォー：100冊出版を叶えたライターに聞く、なぜあのブログは
　　　　　　出版できたのか100の質問
　↓
・アフター：出版できるブログ100の理由！　100冊出版したライ
　　　　　　ターに聞きました

　ビフォーは、100冊出版を叶えたライターも、なぜあのブログは出版できたのかも興味深い内容ですが、**14文字まで読んでライターの紹介しかできていなくて、33文字まで読まないと、なぜあのブログは出版できたのかについて書かれていることがわかりません。**さらに100の質問に答え

ることは39文字まで読まないとわかりません。

アフターは、100冊出版したライターも興味深いのですが、それ以上にフォロワーのメリットを優先して、14文字で出版できるブログ100の理由を先に持ってきました。**興味を持って目線を動かすと100冊出版が目に入り、100で韻を踏んでいて、100冊出版できるの？　とワクワクしますね。**

また、このライターというのが具体的に戸田美紀さんだった場合は、こんな表記も良いでしょう。人物名が検索される人なら、最初の10文字以内に入れます。

【100冊出版戸田美紀】出版実現100ブログ、その理由教えます！

検索は記号を文字とみなさないので、【 】などを使うと、目にとまる効果があります。文字にカウントされない記号を効果的に使いましょう。

タイトル例3
・ビフォー：新宿駅の近くで1人でも入りやすいランチがおいしいレストラン5つ
　　　　　↓
・アフター：【新宿駅近ランチTOP5】2023人気急上昇！　1人で入れる店

ビフォーは、19文字まで読まないとランチの店だとわかりません。1人で入りやすいのはいいけど、最後まで読まないと人気の店ということもわかりません。アフターは、【 】内で意味が伝わります。お店を探すときはエリアを先に知りたいし、人気のお店を外したくない。【 】内で興味を持ち、目線を動かすと2023人気急上昇とあり、今人気なんだとわかり、さらに見ると1人で入れるとわかります。

また、カタカナも目を引くので効果的に使えますが、トップもカタカナにすると、ランチとトップが同じカタカナでインパクトが弱まります。TOPという短く、誰でも読める文字をアルファベットにするのは効果的です。これがrankingなどアルファベットでも長くなると、文字数を余計に使ってしまうので、どんな言葉をどんな表記にするのかを工夫しましょう。

【ワーク1】

119ページの記事タイトルづけの「8つのポイント」をチェックしてみてください。そのなかで、あなたが特に「これを気をつけよう」と思ったものを書き出してください。（いくつでもOKです）

【ワーク2】

123ページの「藤沢あゆみ流締めの言葉」の例のなかで、あなたが背中を押されたな、と感じた言葉を「声に出して」あなたの今のありのままの気持ちを味わってみてください。

Chapter 6

ファンを増やし続け、コミュニティを囲い込むWEB文章術

フォロワーとファンの違い、ファンになってもらうと起こること

　ここまでは、WEB文章がどういうものか、どんな文章を書けば最後まで読んでもらえるのか、人を動かすことができるのか、という部分をお伝えしてきました。Chapter6では、WEB文章であなたのファンを増やし、あなたの周りに人が集まってくる文章について説明していきましょう。

　フォロワーは、あなたのSNSやブログなどを読もうと思ってくれている購読者と考えて良いでしょう。クリック一つで登録できるものもあれば、メールアドレスが必要なものもありますね。逆に、あなたも誰かのSNSをフォローすることも多いでしょう。「読んでみたいな」と興味を持った人をフォローしているのではないでしょうか。

　では、ファンとはどういう人を指すのでしょう。わかりやすいのは、芸能人ですね。今は「推し」なんて言葉もありますが、「好き」「応援したい」「会いたい」などという気持ちが強いと思います。

　フォロワーとファン、「好き」や「応援したい」「会いたい」など、共通する気持ちもあるかもしれませんが、その大きな違いは「熱量」や「絆の深さ」ではないでしょうか。よくある話で、フォロワーが1万人いるインフルエンサーと呼ばれる人でも、実際に何かを販売したり、セミナーや講演会を開催しても、フォロワーから全く反応がないということが起こります。

　なぜ、そういうことになってしまうのか。それは、フォロワーの多くは、その人のファンではなかったということ。投稿は興味があって見ていたけ

れど、特にその人に会いたいとは思わない、その人がプロデュースする商品は欲しいと思えない、そう思われていたということです。

これって、悲しいことだと思いませんか？　フォロワーの数は、多いに越したことはないかもしれません。ですが、**フォロワー数が多くても実際にファンになってもらっていなければ、意味がないこと**を知ってください。

SNSやブログのコンサルティングをしていて感じることですが、当然初めはフォロワー数ゼロから始まります。1万フォロワーにならなくても、300人や500人で商品やサービスが売れることは多々あります。その成功体験が本人のやる気につながり、投稿にも力が入り、さらにフォロワーが増えるという好循環が生まれます。**フォロワーの数に一喜一憂するのではなく、自身の投稿の内容に注力しましょう。**「いいね」の数にこだわる人も多いですが、それもさほど関係ありません。今はツールで「いいね」をつける人もいますから、数は気にしないでください。**まず理解することは、「フォロワー数＝ファンの数」ではないこと。**やみくもにフォロワーを増やすのではなく、自身の投稿に共感してもらうこと、自らも会いに行くことを心がけてください。

コツコツと投稿を続け、フォロワーに共感を得ていくことで、少しずつ絆が深まっていきます。そうすることで、「次の投稿が楽しみ」「機会があれば会いたい」「同じモノを共有したい」と思ってもらえるようになり、ファンになってもらえます。

ファンが増えていくことで、そこにコミュニティが生まれます。コミュニティが大きくなれば、それはあなたのファンクラブができたのと同じこと。**一足飛びにコミュニティは育ちませんが、これこそコツコツが大切。**WEB文章から生まれるコミュニティ文章を知っていただき、あなたのファンをどんどん増やしてもらえたらと思います。

人は楽しそうな場所 （コミュニティ）に集まる

　「あゆみさんはいつも、楽しそうなことをしていますね」。活動を始めた頃から、よく言われました。今でこそ「コミュニティ」という言葉が一般的になり、オンラインサロンやオフ会など、インターネットをきっかけに人が集まることが普通になってきました。ですが、わたしが活動を始めた2000年は、ネットで仲間を募ってオフ会を行ったり、セミナーやイベントに集客して実際に出会うことも、少しずつ始まってはいましたが、インターネットのなかだけでコミュニティを作ることは、わたしが知る限りほとんどなかったです。

　そんな頃から、わたしは「チームいいね！」や、「ハァハァ隊」、「愛されるしくみ普及委員会」など、WEBコミュニティを作っていました。

　コミュニティを作らなきゃ！　と思って作ったわけではなく、**息をするように、「これ一緒にやりたい人いますか？」とブログに書いて、「やりたいです！」という人が2人でもいればチームに移行して、人が集まってくるとメンバー一覧をブログにアップする、人が集まっていると楽しそうなので、さらに人が集まる。**このサイクルで、気がつくと数百人単位のコミュニティができていました。

　面白いのは、必ずしも集客のためにコミュニティを作っていたわけでも、こうすればコミュニティ化するということを誰かから教えてもらったわけでもないこと。近年、ビジネスの世界でも、プロセスエコノミーという考え方が広まっています。**プロセスエコノミーとは、商品を生み出すまでのプロセスをゼロから発信し、収益につなげる考え方のこと。**完成されたモノを売るだけではなく、生み出すプロセスでも利益を上げる売り方をしています。

　これは、コミュニティ作りにも言えることで、最初からドーンと多くの

人が集まるコミュニティより、**自分一人から、だんだん人が集まり、組織化していくプロセスを見せることで、人が集まってくるというコミュニティ**のほうが興味を持たれていますが、わたしは当時から肌感覚でそのことに気づいていました。

　自分のこの特性に何か肩書きをつけたほうがいいかなと思い、一時期「コミュニティ構築師」と名乗っていたこともあります。

コミュニティはいつも１人から始まる

　もしも、あなたがこれから楽しいコミュニティを作りたいなら、コミュニティメンバーが自分しかいない、旗を立てるところから公開してください。そう言うと、「あゆみさんは、自分が声をかければたくさんの人が集まることがわかっているからそんなことができるんですよね？」と思いますか？　「わたしが呼びかけても誰も集まらないかもしれないし、声をかけても誰も集まらなかったら恥ずかしいから、そんなことはできません！」と言いたくなるかもしれません。

　その気持ち、わかります。わたしは、今でも誰も集まらないかもしれないと思いながら声をかけますし、コミュニティを作るときはゼロからだと思っています。極端な話をすれば、**誰も集まらなくても自分はコミュニティ作りそのものを楽しめるか**、と自分に問いかけ、誰も集まらなくても、**旗を立てること自体を楽しめると思えてから呼びかけています**。そうでなければ、文章に楽しさが乗らないからです。

　プロセスエコノミーの醍醐味は、ゼロや１から成長の過程が見れてこそ、ドラマがあって楽しいもの。むしろ、最初からはうまくいかないコミュニティのほうが、成長ドラマを楽しめる！　くらいの心意気でコミュニティ作りに取り組んでほしいです。少なくとも、人が集まらなくても全く恥じる必要はありません。

　わたしは、**ドラマをゼロから作る自分を客観的に眺めて描写する感覚で、文章を書いています**。だからこそ、どんな結果も楽しめるのかもしれません。

ファンを増やし続け、コミュニティを囲い込むWEB文章術

◆ 人が集まらなくても心が折れない方法

　それでもやはり、誰も集まらないという状態は避けたいですよね。わたしが**コミュニティを作るときに心がけていることは、自分の感性でいいので来てくれる人が楽しそうと思ってくれるか、集まってくれる人にとって何かいいことがありそうかを設定しています。**

　人が集まらないときは、どこかがズレているのです。焦ったり、自分に魅力がないからだ、人気がないからだ、企画がつまらないからだと必要以上に自分を責めないで、落ち着いて企画を見直しましょう。

　どこかわかりにくかったり、言葉が雑だったり、引っかかるところがあるのです。それでもしっくり来ないときは、撤退するのも一つの手。自分は楽しそうだと思うし、来てくれる人にメリットがあると思っても、みんなはそう感じてくれない場合もあるかもしれませんから。

　人は、楽しそうなところに集まります。コミュニティを作るあなた自身が楽しんでいること、それが最大にして唯一のコミュニティを立ち上げる条件なのです。

コミュニティ文章で、
あなたの周りに人が集まる

「あゆみさんの文章には、"ひとけ"がありますよね。私はどうしても無機質な文章になってしまうんです」

"ひとけ"とは、人の気配がある、漢字で書くと『人気（にんき）』ですね。"ひとけ"がある文章を書くことは、人気を集める第一歩。スマートフォンやパソコンに向き合ってキーボードを打ち込んでいるだけなのに、なぜ、わたしの文章から人の気配を感じていただけるのでしょうか。**無機質な文章に対して、"ひとけ"がある文章を、「コミュニティ文章」と定義します。**これから提案する3つのポイントを押さえましょう。

ポイント1：自分を表現することにOKを出そう

無機質な文章になってしまう人の問題、それは文章じゃないんです。**あなたは、自分自身を表現することに抵抗を持っていませんか？**

こんなことを書いたら笑われる、叩かれそう、偉そうと思われそう。その心配は、子供時代いじめられたことがあるとか、親が厳しかったとか、周囲から否定されたとか、なんらかの人間関係の揉め事から、自分を好きになれない痛みがあるのかもしれません。

あなたの人生で起こった経験を、そんなことを気にしていても！ と否定はしませんが、**文章は自由です。**自分が出せなかったけど、**文章で表現することで自分を好きになれた、自分にOKが出せた、という人はたくさんいます。まずは、自由に表現してもいい、と決めてください。**

ポイント2：どんな自分として書くか、明確にモデリングしよう

自分を表現することに抵抗があるあなたにぴったりで、無機質な文章をコミュニティ文章に変える有効な方法があります、それは、どんな人とし

て文章を書くか、具体的な人物像を決めることです。**自分を出すのは怖い、でも誰かになりきって書くなら、やれそうな気がしませんか？** わたしはお悩み相談を始めるに当たって、具体的なモデリングをしました。関西の人気ラジオDJ、谷口キヨコさんのような明るく華やかな雰囲気で、なおかつ『10代しゃべり場』に出ているときのジャーナリスト江川昭子さんをイメージしました。

　一見、両極端なキャラクターですが、お二人とも聞き上手で懐が深く、相手を否定しないところが素敵です。わたしは、明るさと落ち着きをかねそなえたコメンテーターになりたいと思ったのです。

　モデリングするのは自分と全く違う人ではなく、自分にもある要素を明確に、魅力的に見せられる人物を選ぶこと。 例えば、わたしは声が低音で、松任谷由実さんに声が似ていると言われることがあります。カラオケは中島みゆきさんがハマります。おしゃれで華のあるユーミンいいですね。中島みゆきさんも歌詞のイメージから、恋愛に悩む人の気持ちがわかる姐さんという感じなので、ユーミンと中島みゆきさんのブレンドもいいですね。**モデリングは、あの人のこの部分とこの人のこの部分、とミックスしましょう。混ぜ合わせることであなた独自のキャラクターが生まれます。**

　初めは、文章だけで読む人にパーソナリティーを感じさせるのは難しいと思います。多少極端かもと思うくらいやって、やっと伝わるという感じでしょうか。書き慣れるとだんだん自分ならではの文章の形が作られてきます。わたしも今はもう、モデリングはしていません。初めからコミュニティ文章が書けなくてもいい、あなたらしさは、だんだん作られていくのです。

◆ ポイント３：どんな場所から書くか、空間をイメージしよう

　コミュニティ文章を書くためのポイント３は、空間をイメージすること。温かい場所で文章を書いていると、その温かみが伝わるとわたしは思います。
　お悩みに回答をするときは、リアルな場所をイメージしていました。自分がクラブに勤めるお水のお姉さんで、店が終わった後に、夜の街で悩み相談に乗ってあげている。訳あり人生を渡り歩いてきた派手めなお姉さんが、妹や弟の恋愛相談に乗っているイメージです。

わたしが「ありがとう」と書くと、「ありがとう」と言われている気がすると言われたことがありますが、鋭い見解です。**実際「ありがとう」という言葉を書くときは、心を込めて「ありがとう」と声に出して意識をしながら文章を書いています。**

今はSNSに写真を載せることができますが、わたしが活動を始めた頃は、自分の写真を載せる人はほとんどいませんでした。だからこそ、文章だけで自分という人間を伝えようとするところから活動を始めたことが良かったと思います。

今、WEBで文章を書くなら、ラグジュアリーホテルでMacを開く自分の写真を載せることが可能です。YouTubeやInstagramのストーリーなど、動画も気軽に使えますが、**文章だけで自分の人柄と発信する空間イメージを伝えようとしてみてください。**文章を書く自分と、発信する空間を意識して文章を書くと、あなたの人となりが伝わり、いつしかそんなあなたを好きな人が集まるコミュニティができていることに気づくでしょう。

コミュニティ文章を書くためのポイント３つ

．自分を表現することにOKを出す
文章は自由です。文章で表現することで自分を好きになれた、自分にOKを出せた！という人はたくさんいます。ぜひ、あなたも自由に表現してもいい、と自分に太鼓判を押してあげてくださいね。

．あなた自身のキャラ設定、明確なモデリングをする
誰かになりきって、その人として文章を書いてみましょう。ちょっと面白そうじゃありませんか？　モデリングは、あの人のあの部分とこの人のこの部分のミックス、混ぜ合わせて「あなた独自のオリジナルキャラの誕生」です。

．どんな場所で書いているのか、空間をイメージする
あなたがいる場所の環境や空気感を言葉で表現してください。温かい場所で書いているとしたら、その温かさがそのまま読み手に伝わるように空間をイメージしましょう。言葉からぬくもりを感じてもらえるように文章を書いてください。

コミュニティ文章を進化させる「渋谷理論」とは

　ブログやFacebookなどのSNSを見ると、あなたをフォローしている人、友だち一覧がありますよね。その一覧は、あなたのコミュニティです。**自分のSNSをフォローしてもらうことは、自分のコミュニティを育てることです。**その際、本当に自分が好きな人以外は、フォロー申請があっても承認したくないという人がいます。

　「近所の人に見られたら恥ずかしい、何を言われるかわからないから」

　あなたも、そんな風に考えますか？

◆ 出版したいなら10000人とつながれ！

　もしも、あなたがいつかは出版したいと思っているなら、フォロワーは最低でも1万人いる状態を目指してください。むしろ、近所の人にこそ応援してもらい、1人10冊買ってもらうくらいの厚かましさが欲しいところです。それは極端だとしても、そこで恥ずかしがっている場合ではありません。出版すれば、あなたの本はAmazonのWEBサイトに載り、世界中にリリースされるのです。覚悟しましょう。

　何か言われそうと心配する人も多いのですが、そんなあなたはぜひ、何人くらいの人が、どんなことを言ってきて、自分がどんな嫌な思いをするのか書き出してください。起こってもいないことを案じているだけかもしれません。

　書籍のベストセラーは、時代やジャンルにもよりますが、わたしの感覚では3万部くらいからではないかと思います。自分のフォロワー全員が本を買ってくれるわけではないと考えれば、10万人くらいSNSのフォロワーがいるに越したことはありません。

　わたしは、フォロワーの100分の1くらいの人がアクティブユーザーな

ら上々だと考えています。アクティブユーザーとは、あなたが出版したら本を購入してくれる、お金が必要なことに参加してくれる人を指します。

　出版ではなく、講演会を開いたり、リアルなビジネスに集客したいとしても、1万人のフォロワーさんがいて、そのうちの100人の人があなたの講演会に行ってみたい、あなたのサービスに興味を持っている、そんな状態になれば理想的です。**自分に集まる全ての人がアクティブユーザーだとは限らないと理解していたら、余裕を持ってコミュニティ作りができるのです。**

選り好みせず100人集める、初日100人理論とは？

　あなたがコミュニティを作りたいなら、渋谷の街並みを作るイメージを持ってください。**渋谷の街はいつも賑わっていますが、渋谷に歩いている全ての人が自分を好きなわけでも嫌いなわけでもありません。**フォローしてくれる人がいれば受け入れる、自分からフォローして1日で100人くらいのコミュニティを作る、これをわたしは「初日100人理論」と呼んでいます。

　わたしは、今もコミュニティを立ち上げるときに、100人くらいまで一気に、自分からどんどんフォローします。自分からフォローするのは、人気がない人のすること、かっこ悪いと抵抗を示す人がいますが、むしろ喜ばれることのほうが多いですし、反応がなければ深追いしませんし、他人はそこまで深く考えていません。

　コミュニティは短期間に一気に人を集めたほうが盛り上がります。人を集めるのではなく、街並みを作る。心配しなくてもコミュニティを作ってから、この人とは気が合わないと思ったらフォローを外すことも可能です。

　そうして、渋谷の街並みを作ったら、今度は渋谷スクランブル交差点をイメージしてください。東京に住んでいない人も、ニュースなどで目にすることがないでしょうか。たくさんの人が行き来している十字に交差する横断歩道、それが渋谷スクランブル交差点です。

💎 人にこだわるな、街並みを作れ

　渋谷スクランブル交差点を歩く人に向かって、「これに興味がある人いますか？」、と呼びかけたら何人もの人が思わず振り返るかもしれません。これが、本当に好きな人だけを集めた3人のコミュニティだった場合、同じように「これに興味がある人いますか？」と、呼びかけたらどうなるでしょうか。

　気になるけど、反応するとつかつかと近づかれて、何か売りつけられたら怖いので、ノーリアクションを決め込むかもしれません。お客様がいないブティックで、お店の前に立って、「いらっしゃいませ！」と声をかけられると、興味を持っていてもお店に入りづらいですよね。そのお店が、ZARAやUNIQLOのように適度に賑わっていたら気軽に入りやすいです。

　まずは一気に人を集め、賑わうコミュニティを作る、そのコミュニティにはあなたのことが好きな人もいれば、なんとなく入ってきた人もいる、それが、わたしの考えるコミュニティ作りの基本「渋谷理論」です。

　他人はそれほど、自分以外の人に興味を持っていません。自分と少しでも合わない人が自分のコミュニティに入ってくると、すごく怖いことが起こりそうだと思っている人が、特に女性には多いですが、心配しなくてもびっくりすることは起こりません。**コミュニティは、街並みを作ってから最適な形に育てていけるのです。**

コミュニティ文章で
賑わい感を出す

「渋谷理論」「初日100人理論」で一気に、賑わいを作ったら、まずは人が集まった部屋が完成したと言っていいでしょう。ここからがコミュニティ作りの始まりです。**あなたが文章を書くことで、このコミュニティに入ったら楽しそうと思ってもらって、さらに、あなたのコミュニティに入りたい人を集めて囲い込みましょう。**そのために大切なことは、賑わい感のある文章を書くことです。

賑わい感のある文章の具体例

　賑わい感のある文章とは何か、それは、集まってくれた人が、あなたのコミュニティに参加して良かったと実感してくれるような、賑わい感を言語化した言葉を意識して使っている文章のことです。

　「仲間になってくれてありがとう！」
　「これから楽しいことを一緒にやっていきましょう！」
　「みんなでできることを今企画中です！」
　「仲間がどんどん増えています。うれしいです！」
　「今日1日で、150人の人が集まってくれました！」

　コミュニティという部屋を作ったら、次は部屋のなかを暖めること。部屋のなかに集まっている人たちがいるとしたら、エアコンをつけて暖かくするイメージです。人が増えていけば人数を細かくカウントするのもいいし、感謝を述べるのもいい、これから何が起こるのか、何かが始まりそうな期待感もいいですね。

ファンを増やし続け、コミュニティを囲い込むWEB文章術

◆ 賑わいが立体化していくプロセスとは？

　あなたが、部屋が賑わうことを喜んでいたら、参加してくれた人も同じようにメンバーの人数をカウントしてくれたり、人を誘ってくれたりして、賑わい感が波及していきます。**押しつけがましくなく、だけど賑わっていることを楽しんでいると、一緒に盛り上げてくれる人が現れるのです。**

　賑わいポイントが、あなただけではなく、1人、2人と増えていくと、それだけ二元中継、三元中継になり、あっちでもこっちでも盛り上がっている感じになります。**あなただけが盛り上がっている「点」が、誰かに届く「線」になり、その線が多くの人に届いて放射状に広がります。**その人たちが、盛り上げ側になってくれて、

　「仲間になってくれてありがとう！」
　「これから楽しいことを一緒にやっていきましょう！」
　「みんなでできることを今企画中です！」
　「仲間がどんどん増えています。うれしいです！」
　「今日1日で、150人の人が集まってくれました！」

　あなたが一人で発信していた、賑わい感のある言葉を発信してくれたら、「面」ができます。その面があっちにもこっちにもできると、あなたのコミュニティの面積が増えます。**賑わいポイントが増えれば増えるほど、あなたのコミュニティの面積が広がり、盛り上がりはますます大きくなるのです。**

　わたしは、自分一人が賑わい感のある言葉を発信する段階で、面になる状態を想定して文章を書いています。もちろん、リアルな情景を思い描きながら。
　リアルな情景といえば、こんな動画がありました。1人が踊りだすと、誰かが踊り出し、踊っている人が2人になると、その輪に加わる人が3人、4人と増えていき、いつしか大きな踊りの輪ができる。わたしはいつも、コミュニティを作るとき、この方法でだんだん盛り上げていき、その様子をリアルタイムで発信しています。

文章とは、自分が書いて、それを読む人がいるという平面的なイメージがありますが、わたしは文章を立体的に捉えています。それが、"ひとけ"（人の気配）があり、コミュニティ文章になる理由なのです。

コミュニティ作りの基本は一気に集めて、じっくり育てていくこと。

　最初からすごい人数を集める必要はありません。あなたにとってしっくり来るコミュニティのサイズから始めればいいのです、やり続けると、だんだん多くの人を集めることに慣れてきて、増えていく過程を楽しめるようになるでしょう。この過程は、あらゆるコミュニティ作りに通じる方法ですので、楽しみながらトライしてみてくださいね。

コミュニティ文章で賑わい感を演出する

賑わい感のある文章とは、集まってくれた人が、
そのコミュニティに参加してよかったと実感できるような、
賑わい感を言語化した言葉を意識して
使っている文章のこと

コミュニティ文章はこうやって プレミアム感を出す

　さて「渋谷理論」で一気にコミュニティを作り、賑わい感のある言葉を発信してコミュニティを育てたら、次の段階は文章でプレミアム感を出すこと。ここで初めて、多くの人がコミュニティを作るときにやろうとする、好きな人だけを集めるというプロセスに進みます。

　ビジネス的に言えば、まずは無料で興味を持ってもらい、渋谷の街のような賑わいを作って、コミュニティを育てる。その過程で、あなたのコミュニティに合う人は仲間になり、合わないと思った人は離れていき、さらにあなた自身がこの人はコミュニティにいてほしくないと感じた人はフォローを外したりして、あなたのコミュニティが最適化されていきます。

　そこでいよいよ、有料でも参加してくれる人が集まる、プレミアムコミュニティを作ります。例えば、オンラインサロン。サブスクと呼ばれる、月額制で参加費を払ってあなたのコミュニティに参加してくれるプレミアムメンバーを募集します。

◆ えこひいきのススメ

　有料でもコミュニティに参加してくれる人は当然、無料で参加してくれる人よりも少ないですし、それでノー問題です。むしろ、有料で参加してくれる人は思い切りえこひいきしてプレミアム感を出しましょう。**有料でも参加したい人にとっては、無料では得られない特別感があればあるほどうれしいですし、有料なら参加したくない人にとっては、どんなおいしい話をされてもなびかないわけですから、ここは遠慮なくしっかりプレミアム感を文章で表現することが双方のためです。**

　ではプレミアムコミュニティを作ったら、どんな"えこひいき"をするの

か、明確にしましょう。下記は「**プレミアムメンバーだけの特典例**」です。

　　　プレミアムメンバーだけが見られる極秘情報
　　　プレミアムメンバーだけが参加できるオンライン、オフラインの
　　　オフ会
　　　プレミアムメンバー限定、提供サービスの割引
　　　プレミアムメンバーだけが参加できる学びの場
　　　プレミアムメンバーへの応援
　　　プレミアムメンバー限定イベント招待
　　　プレミアムメンバーにプレゼント

　いろんなことが考えられますね。そして、文章でできることは、それらのサービスをチラ見せして、有料コミュニティに興味を持ってもらうこと。オフラインのオフ会のおしゃれな会場やおいしい食事、そのときのエピソードをブログで紹介するのもいい。**楽しいイベントを行い、参加してくれた人が価値を感じてくれたら、感想を書いてもらいましょう。そんな人がたくさんいれば、点が線になり、面になるというコミュニティ理論が成り立つのです。**また、主催している自分が自分のやっていることを紹介するよりも、参加してくれている人が、「楽しかった！」「オススメです！」と書いてくれるほうが、「参加している人たちがそんなに言うなら参加してみようかな」と、より興味を持ってもらえます。そんな**口コミが生まれるプレミアムコミュニティを目指しましょう。**

　著者2人が主宰している「あゆみき出版メディア相談室オンラインサロン」では、本書の出版が決まる前からの、打ち合わせのエピソードをサロンメンバー限定でシェアしたり、この本に書いているWEB文章術についてZOOMでダイレクトにコンサルティングしています。
　学びだけではなく、リアルなオフ会を開いたり、ZOOMオフ会もドレスコードを決めて楽しくみんなの近況を聞く会を開いたときは、コスプレした楽しそうなメンバーの写真をブログに載せました。**プレミアムコミュニティを作るなら、ここだけ、自分ならではのメリットを惜しみなく提供しましょう。**

◆ えこひいきとは、望む人により喜んでもらうこと

ただし、一つ大切なことがあります。無料で参加してくれている人を切り捨てるような発信は決してしないでください。

NGワード

⚠️「無料の人は程度が低いから相手にしません」
⚠️「無料では本当に価値のあることは書きません」
⚠️「無料の文章を読んでいる人は損をしています

などと、無料で参加している人をディスってしまうと、単に感じが悪い人と思われ、そんな人が作る有料サービスには参加したくないと思うのが人情ではないでしょうか。

えこひいきとは、あくまでももっと良いことも用意しているけどいかがですか？　と前向きな提案をすること。無料の人を下げるのではなく、有料でも参加したい人に、より一層のメリットと感謝を示すことです。

OKワード

◎「有料版で一緒にステップアップしませんか？」
◎「もっと知りたいあなたに有料版をご用意しました」
◎「有料版ではさらなる極意を公開しています」

実は、NGワードとOKワードは全く同じことを言っています。感じ悪くしなくても、望む人はどうそと伝えるだけでえこひいきはできるのです。

どんなに世の中の価値観が変わっても揺らがない、全ての人にとって価値があるのはお金よりも時間。あなたに興味を持ち、コミュニティに参加してくれている人は一番価値が高い時間を提供してくれた存在なのです。無料で参加している人のなかには、いつか、あなたの有料コミュニティに参加したいと思っている人もいるのです。**コミュニティに参加している、全ての人へのリスペクト、ホスピタリティを忘れないでくださいね。**

Section 46

文字の色、フリー素材などを使う際の注意点

WEB上で文章を書いていくために、注意しておきたい点について書いていこうと思います。一つひとつは細かいことですが、WEBという特性上、読み手に「読みにくい」「見にくい」と思われてしまうと、リピーターにはなってもらえません。あなたのSNSや文章、WEBサイトをチェックしてくださいね。

ブログの文字はゴシック体で書く

ゴシック体の文字にあまり好き嫌いは言われませんが、ブログの文字で明朝体は「見にくい」という人がいますから要注意です。

記事はオリジナルもので

ときどき、有名な人の言葉を転載しているだけのブログを見かけることがありますが、誰でもできることに意味はありません。そこにあなたの考え、心がないと、リピーターにはなってもらえません。

文字に色を使い過ぎない

できれば、文章の文字は黒、リンクの色は青、強調したいところは赤と、3色に抑えておきましょう。女性でカラフルな色使いで記事を書いている人がいますが、どこが大切なところなのかがわからないので気をつけましょう。

絵文字を使い過ぎない

たまに使うのはかまいませんが、1記事にたくさん使ってしまうと、文章が読みにくくなります。適度な数に抑えておきましょう。

ファンを増やし続け、コミュニティを囲い込むWEB文章術

▼ リンクの色はわかりやすく

　リンク先に飛んでほしいのに、それがわからないと意味がありません。あなたの情報が有益だとわかってもらうためにも、リンクの色はわかりやすくしましょう（基本は青色です）。

▼ 画像はオリジナル、もしくはフリー素材から

　画像には肖像権があります。他のサイトから引っ張って使うことは犯罪ですから気をつけてください。今は無料で使えるフリー素材がたくさんあります。用途に合った画像を検索して使うようにしましょう。

　あなたのSNS、ブログ、WEBサイトが、見やすく読みやすいものになるように、これらの工夫が実を結びます。過去記事も見直して、文字色をたくさん使っていたり、フリー素材以外の画像を使っていた記事があれば、直してしまいましょう。

Section 47

夢を叶え、発信を継続させ、仲間が増える「100 いいね」！

　わたしは毎年、1月に「100いいね」という取り組みをしています。「100いいね」とは、1年間で叶えたい夢やできたらいいね！　と思えることを100個、ブログ記事に書いて宣言して、実際に叶えていくことです。

　わたしがこの取り組みを始めたのは、2011年1月。毎年、年の初めには、今年1年良い年にしたい！　などと目標を掲げるものですが、良い年ってどんな年だろうと改めて考えてみたんです。当時、Facebookが流行り始めた時期で、「いいね！」という言葉が新鮮でした。例えば、**「いいね！」と言えることが100個ある1年になったら、その年は良い年だよね。**100個のいいね？　100いいね！？

　そこで、ブログにこう書きました。「100個のいいねを、これからブログに書きます。100いいね、あなたもやりませんか？　2人以上やってくれる人がいたらチーム100いいねを結成します！」。すると、「わたしもやります！」とコメントしてくれた人がいたのです。そのなかに、共著者の戸田美紀さんがいました。

　「100いいね」を書くだけで、100個の夢を持った人になれます。それを叶えていく1年にすると考えただけで、希望にあふれた1年になります。「100いいね」に書いたことは、叶うたびに達成報告記事を書きます。
　そうすると、「100いいね」を書くだけでブログのネタが100個できます。叶わなかった場合も、なぜ叶わなかったのかという記事を書けば、まさに100記事書けますね。

　わたしと美紀さんは、「100いいね」を書いてくれた人を見つけたら「みんなの100いいね」という記事を作ります。ある意味コミュニティです。

ファンを増やし続け、コミュニティを囲い込むWEB文章術

155

「100いいね」を書いている人同士には連帯感が生まれ、「100いいね仲間」ができるのです。

　本書を執筆している2023年1月にも「100いいね」を書き、「みんなの100いいね」というブログ記事をアップしました。最初は4人から始まり、どんどん「100いいね仲間」が増えていくのを楽しんでいます。

　「100いいね」は、毎年リアルでワークショップを行ってみんなで取り組んだり、ZOOMで全国や世界の仲間と100いいねワークショップも行っています。わたしはオリジナルで「100いいね専用note」や、付箋、スタンプなども販売しています。夢、目標、仲間、継続的に発信できて、ビジネスにもつながると、いいことづくめ。あなたも「100いいね」、書いてみませんか？

Chapter 6 ワークシート

date :　　　/　　/

【ワーク1】

151 ページにある「プレミアムメンバーだけの**特典例**」の 7 つのなかで、あなたが特に魅力を感じたものはなんですか？（いくつでも OK です）

また、こんな特典があったらうれしいと思うアイデアがあったら書き出してみてください。

【ワーク2】

155 ページのコラム（Column）にある「**100 いいね**」。今あなたがすぐに思いつく「100 いいね」を書き出してみてください。

Chapter 7

欲しい人にハマる！
なんでも売れる
WEB文章術

「ドキュメンタリー文章」で、売れない物はない！

Chapter6では、より文章でファンを作ったり、コミュニティを作ることの大切さをお伝えしました。Chapter7では、あなたが売りたい商品やサービスを、どのようにWEB上で販売していくのか、そのための文章をブラッシュアップさせていく方法を具体的にお伝えしていきます。

わたしはWEB恋愛相談に回答することからキャリアをスタートし、メールマガジンやブログなどの文章メディアの発信を経て、28冊の本を書いています。そのため、よほど文章に長けていると思われがちですが、わたしの文章の書き方は、ちょっと変わっているかもしれません。**わたしは文章を書くとき、動画を撮っている感覚で書いているのです。**

わたしの文章のなかで、多くの方が褒めてくださるのが、人のエピソードを書いたときです。例えば、その人が戸田美紀さんなら、**美紀さんのドキュメンタリー番組を制作するディレクターになりきって、美紀さんのエピソードを書きます。**

そのときのわたしの頭のなかでは、有名なドキュメンタリー番組「情熱大陸」や、「プロフェッショナル仕事の流儀」の音楽や映像が流れています。そんな感覚でエピソードを書いているからか、わたしの人物エピソードの記事に、ベストセラー作家の心屋仁之助さんが「読む情熱大陸」とネーミングしてくれました。

読む情熱大陸の始まり

　わたしが人物エピソードを書くときに、その1行目は情熱大陸の最初のナレーションや、プロフェッショナル仕事の流儀の、黒背景に白で1行テキストが表示されるときのように、かなりつかみを考えています。

　人物エピソードを書くきっかけは、活動の初めがメールマガジンであったことと無縁ではありません。メールマガジンを発行し続けていると、登録解除する人も出てきます。**発行部数を伸ばすには、他のメールマガジンと自分のメールマガジンで相互に紹介しあって、新規に自分のメールマガジンの存在を知っていただく必要があります。**ですが、単に紹介記事を載せただけでは、ただでさえ単なるメールを飽きずに読み続けてもらうのが難しいのに、広告が出てくると面白くないので読むことから離脱されたり、せっかくメールマガジンの部数を増やすために相互紹介しているのに登録解除されかねません。

　人は、自分と関係ないことであればあるほど、興味が薄れます。わたしのメールマガジンを読んでくれている人は、藤沢あゆみのことならまだしも、知らない人の話をされると興味が薄れても致し方ありません。

　知らない人のことを紹介しても読者さんが興味を持ってくれて、できれば先方のメールマガジンに登録してほしい、そのためには**紹介した人を読者さんが好きになってくれることだ**と思い、**相互紹介する方の活動や生き様をドキュメンタリー的に書いてみた**のです。

　すると、

　　「あゆみさんの、人の紹介はすごい！」
　　「感動してメルマガ登録しました！」
　　「この人のこと好きになりました！」

　と、反響をいただいたことで、ドキュメンタリー文章の楽しさに気づいたのです。

　ブログを始めてからは、写真を入れ、よりドキュメンタリー的な感覚で記事を書いています。紹介をするときは、単なる広告にならないように、

先方を好きになってくれた結果、お申し込みが入ることを目指します。

　せっかく自分のメールマガジンを読みに来てくれた人に、単なる広告を読ませるのは嫌だという理由から始めたドキュメンタリー記事ですが、わたしのキラーコンテンツになりました。

「ドキュメンタリー文章」が書けたら、売れない物はありません

　紹介する書籍やサービスのなかには、正直言って自分の活動と全く親和性がなく、自分のフォロワーが興味を持ってくれるか未知数のものもありますし、自分自身もその分野に精通していないのに、ごり押ししたら違和感を持たせそうなものもあります。

　ただ、何があっても変わらないことがあります。それは、その人が人間だということ。わかりやすく言うと、伝えたいものを持っている人間だということです。**その人の提供していることが、100%理解できるものではなくても、もっと言えば共感できるものではなくても、その人が伝えたいものを持っている人間である、伝えたい気持ちには共感できる。**そこを取材して、ドキュメンタリー番組として放映する感覚で、文章を書くのです。

　ドキュメンタリー番組のディレクターが、取材対象者の活動に100%共感しているか、視聴者がみんな、取材対象者の活動と親和性があるかといえば、そんなことはありません。ですが、番組を見て応援したくなることはよくあります。その人が本を出版していたら読みたくなったり、商品を販売していたら思わず購入ボタンを押してしまいます。

　物を売らずに、物語を売る。YouTubeでも、創業者の生い立ちや、商品開発の話がドキュメンタリー番組のように語られる広告をときどき見かけます。美しい映像や感動的なドラマ、音楽に、普通の広告だとスキップしてしまうところ、思わず最後まで見入っていたことはないですか？　ドキュメンタリー文章の良いところは、**売りつけずに売れるということ。**あなたもドキュメンタリー文章、書いてみませんか？　特別な文才がなくても、プロセスさえわかれば誰でも書けます。

なんでも売れる
「ドキュメンタリー文章」の作り方

　わたしがやっているドキュメンタリー文章の書き方を伝授します。まずは、素材を集めましょう。ドキュメンタリー番組で言えば、取材です。

　ドキュメンタリー文章を書くと、「あゆみさんは、この人の友だちなの？会って取材したの？」　と言われることがあります。

　これは取材する感覚で情報を集め、話を聞く感覚で文章を書いているからでしょう。

　次のような段階では、文章の組み立てや、その人に対する共感は必要ありません。**取材ディレクターになった気分で、その人の周辺情報を集めて**ください。

　　その人のプロフィールや、生い立ちや経歴
　　その人のビジネス、活動、SNSの記事、本など、その人にまつわる
　　情報
　　その人が本を書いたり、サービスを立ち上げるきっかけになった出
　　来事や思い

　SNSで紹介する場合は、ブログのプロフィールをチェックしましょう。詳しく書かれていたら、良い素材になります。

　ただし、例えば40歳の人を紹介したいときに、40年間の情報を全て集めるのは不可能です。SNSに公開されている範囲の情報でOK。**素材が集まったら、ドキュメンタリー的に文章を組み立てます。**

ドキュメンタリー番組 6 つのプロセス

　ドキュメンタリー番組を、6つのプロセスにわけてみましょう。

- 導入　………その人の日常。何故その仕事をしているのか
- 生い立ち　……その人のパーソナリティー
- 問題　………仲間、壁にぶち当たる
- 山場　………解決の糸口を見つける
- 達成　………ミッション、今の活動が決まる
- エンディング……その人らしい名言（爽快なエンディングテーマ）

　上記の「6つのプロセスのフォーマット」に先ほど用意した素材を当てはめます。わたしの場合、山場や解決の糸口、なぜその仕事をしているのかがわかるとそれを際立たせるための周辺の文章が浮かびます。音楽でいうとサビが決まると、そこに持っていくメロディーが決まる感じでしょうか。

　では、藤沢あゆみの人生をフォーマットに当てはめてみます。

- 導入　………　28冊の書籍を出版している作家、藤沢あゆみ。そのほとんどは恋愛本だ
- 生い立ち　…　生まれながらにして10人中9人が振り返る見た目の症状を抱えていた。恋愛とは一番遠いはずの彼女がなぜ恋愛本を書けるのか
- 問題　………　見た目の症状があっても、いじめられたくない、クラスの人気者になりたいと思った
- 山場　………　ある日、見た目が残念でも他のことが目立っていると、そこを見ることもあるという体験をした彼女は、コミュニケーション能力、友だちが喜んでくれる長所を増やすことに気づく
- 達成　………　一人に好かれる、告白する、振られることに悩むのが恋愛。彼女はその経験を子供の頃から出会う全ての人とやっていた
- エンディング…　大人になった彼女にとって恋愛の相談に乗ったり、本を書くことは天職となった。彼女は言う「魅力がない人はいない」と

　実は、わたしのブログのプロフィールはこの流れで書かれています。プ

ロフィールを読まれたNHKのディレクターから出演依頼があり、Eテレの『ハートネットTV』に出演しました。**人の紹介だけではなく、あなた自身のプロフィールもドキュメンタリー的に書いておくことをオススメします。**

その人について集めた情報のなかで、今の活動につながっている情報をピックアップして文章を組み立てましょう。多くの場合、導入の、その人自身が抱えている問題を解決したことが、今の活動とつながっています。そこに共感し、自分の言葉で紹介することができれば、フォロワーに伝わるドキュメンタリー文章が書けます。**ドキュメンタリー的な流れをものにするには、実際にドキュメンタリー番組をたくさん見ること。**いくつも見てみると、ある一定の流れがあることがわかります。好きなドキュメンタリー番組があれば、テレビを見ながらどんな流れになっているかメモってみましょう。

大切なのはリアリティ。写真もディレクター気分で撮影しよう

ドキュメンタリー番組は、映像や音楽も人の琴線に触れる効果的な要素。文章でそこまでのインパクトを持たせるのは難しいと思うかもしれませんが、写真を工夫すると良い感じになります。**導入、生い立ち、問題、山場、達成、エンディングそれぞれのシーンに合う写真を用意して紙芝居のように行間に挟みましょう。**ドキュメンタリー文章は長くなる傾向がありますので、写真を挟むことで長さを感じさせない利点もあります。

わたしは、自分が書くドキュメンタリー記事を映像として見て、そのワンシーンを切り取る感覚で写真を撮ります。**大切なのはリアリティー、加工した写真より実際に活動している動きのある写真です。**ここを意識すると読む人に臨場感を与えることができます。

自分がディレクターになって、番組を作る気分になるには、好きなドキュメンタリー番組に使われている音楽をBGMにしながら文章を書くのもオススメです。

少し難易度高めですが、なんでも紹介できる、嫌味なく売れる、紹介した人にも、読む人にも喜ばれる一生もののスキルです。

WEB文章、 「欲しがりワード20選」

　WEB上で、多くの人に引っかかるキーワードがあります。あなたもどこかで目にしたことがあるはず。あなたが書く文章のシーンで使えるものがあれば、使ってフォロワーの反応を見てみましょう。

「限定」：いい選択ができた貴重な物を選べたと思える

「プレミア」：上質、高級、ハイクラス、付加価値など特別感を出す

「絶対」：太鼓判を押された感じで強く訴求を促す言葉

「〜だけ」：今だけ、あなただけ、また残り少ないことも感じさせる

「究極」：とことんまで極めたそこに至る時間を感じる

「無料」：0（ゼロ）円、ただ。とりあえず見てもらえる

「新作」：一番に手に入れたい人間心理をくすぐる言葉

「簡単」：誰でもできる、と思わせる言葉

「法則」：決めごと感があり知らなきゃヤバいと感じる

「レア」：希少価値、とても珍しいことを伝える言葉

「メソッド」：すでに確立された方法なので知っておきたい

「トレンド」：そのときの流行を格好良く感じさせる言葉

「達人」：すごい人からの情報や商品だから価値を感じる

「○活」：就活、妊活、終活など、何かの活動を簡単に伝える

「今すぐ」：今、すぐに動かなきゃと背中を押される言葉

「裏側」：外には見えない本当のことを知りたくなる言葉

「とっておき」：あなたのために取っておいたという希少価値

「極意」：何かを極めた人しか言えない言葉

「ランキング」：評判のいいものを選び失敗のない選択をしたい

「秘密」：誰も知らないことを知れると、興味をわかせる言葉

ワンパターンの文章では
売れません！

　WEB上で活動している人の悩みで一番多いのが、商品をリリースした際に、売れない、集客できないことです。その際に、自分に人気がないから、商品に魅力がないから、文章力がないからと意気消沈してしまう人が多いのですが、諦めるのは早い！　まだやれることがあります。

　もしかして、販売記事を一度書いたらバカ売れするとか思っていませんか？　わたしも活動を始めた頃は、張り切ってリリースしたのに全く反応がないとめちゃくちゃ凹みましたが、**今はスベってからが始まりだと思っています。心配ありません。何度でも売り直せます。**

　満を持してリリースした思い入れのある商品、何度も見直した販売ページなのかもしれないですが、**あなたのフォロワーみんなが正座をしてあなたの記事が更新されるのを待っているわけではありません。1記事を更新しただけで売れるわけではないのです。**

　同じ商品でも、どんな言葉で、どんなタイミングで、どんなデザインの記事ですすめられるかによって、必要だと思ったり、思わなかったりします。ブログやSNSの投稿だと思うから、ただの1記事で売れる、売れないと一喜一憂しますが、リアルな店舗であっても、同じ商品がいろんなディスプレイで工夫して売られていますよね。**ブログという「お店」に、いつ立ち寄るかはお客様の自由です。**朝に来るお客様と、昼に来るお客様、夜に来るお客様は、それぞれ客層が違います。

販売はスベってからが本番！ ABテストで売れパターンを発見せよ

　そこで、試してほしいのが、一つの商品をワンパターンな売り方で終わらせない、ABテストという手法。これは、**同じ商品を販売する際に、A

パターン、Bパターン、異なる２パターンのアプローチを試すことです。ABテストは、AとBの２パターンとは限りません。**更新時間も朝、昼、夜では見る人が違ったり、行動パターンが変わるので同じ記事を３つのタイミングで更新して反応が良いほうを選ぶのもABテストです。**

　WEB記事は一度更新するとURLが決まりますので、下書きで２種類の記事を作って、それぞれ同じURLで更新して反応を見ましょう。Aの記事を朝、Bの記事を夜、というやり方をすると、反応の違いが記事の違いなのか、時間帯の違いなのかわからなくなるので、A記事もB記事も同じ時間帯に更新してください。

　特に性別を限定していない場合は、女性に受けそうな言葉や写真や色合い、男性に受けそうな言葉や写真や色合いの２パターンの記事を作り、両方、朝に更新する、昼に更新する、夜に更新するテストをしましょう。女性は朝に反応が良かった、男性は夜に反応が良かったなど、それぞれの傾向がわかってきます。

　女性がターゲットの場合も、優しく抽象的な感じを好む女性と、力強くメリットが明確なほうを好む女性がいます。同じ女性でも、性格や環境、趣味嗜好、年代によって「わたしのことだ」「わたしに必要だ」と感じるアプローチは違います。あなたのフォロワーで具体的にイメージできる異なるパーソナリティーの人がいれば、その人に届けるつもりで、２パターンの販売ページを試すのもいいでしょう。もしも気軽に話せる間柄なら、どっちが好きかざっくばらんに聞いてみましょう。

　また、**あなたは自分のブログのフォロワーが、月曜日から日曜日まで、それぞれどんな人が読みに来てくれているか把握していますか？**　把握できています！　という人は稀じゃないでしょうか。良い機会ですので、**異なる販売ページを１週間毎日、様々な時間に更新して、フォロワーの傾向を見るのもよいでしょう。その結果、次週からは反応が良い売れるページを、人が集まるあなたのゴールデンタイムに更新すればいいのです。**

　販売ページを作って何度も更新したらウザいと思われるのではないかと不安になる気持ちもわかりますが、人は自分が思うほど他人を見ていません。ウザいと思われるくらい自分のブログを読んでくれていたら御の字で

す。何度も何度も伝えない限り、そもそも目にとまらないのです。何を発信するかはあなたの自由。様々なチャレンジをして、売れパターンを発見しましょう。

　販売はスベッてからが本番！

AB テストで売れパターンを発見

同じ商品を販売するときに、
A パターン B パターンの異なる 2 パターンを試してみる。

AB テスト例

1. A 記事と B 記事
   それぞれの記事
   を作成。

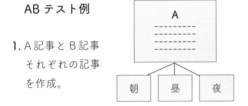

2. 3 つのタイミング（朝・昼・夜）で更新して反応が良いほうを選ぶ。
   反応の違いが記事の違いなのか、時間帯の違いなのか、
   わからなくならないように同じ時間帯で更新する。

テスト結果がチャンスになる！

あなたのブログのフォロワーが、それぞれの記事に、
いつどんな人が読みに来てくれているかを把握するチャンスになる。

フォロワーの傾向を見る

異なる販売ページを一週間毎日、様々な時間に更新。
その結果を見て反応が良い売れるページを
「人が集まるあなたのゴールデンタイム」に更新することができる。

あなた流の販売ページを作成・更新し、様々なチャレンジを何度もして、売れパターンを発見してくださいね。

Chapter 2

欲しい人にハマる！　なんでも売れる WEB 文章術

WEB文章で売るための３原則

WEB上で何かの商品やサービスを販売したいときに必要な、３つの方法があります。ここでは、その３つをご紹介します。

①商品やサービスは、松竹梅の３つを作る

これは、売りたいものを一つだけに決めてしまうという思い込みをなくしてほしいということです。

- 商品やサービスを作るときは、３段階（松竹梅）の金額設定をして作ること
- 真ん中（竹）の金額を、一番買って欲しい金額に設定すること

これを覚えておいてください。以前、日本経済新聞でも書かれていたことがありました。
「約100人に対し、最初はＡとＢのいずれかの商品を購入したいかを聞いたところ、半分ずつに回答が分かれた。次にＣの商品を加えて３種類の選択肢を設けたら、Ａ22％、Ｂ57％、Ｃ21％という割合になった。」

人は、一番下は嫌だけど、高いものも抵抗がある。だから真ん中を選ぼう、という意識が働くのだそうです。だったら、あなたが一番売りたい商品を「竹」にしておけば、望む結果になりやすいですし、ときには「松」が売れたらうれしくないですか？
商品の価格設定は難しいところでもありますが、安すぎてはダメです。モチベーションが続きません。もちろん、いきなり高すぎてもダメ、価値がなかなか伝わりません。そういうことも考えながら、価格設定をしてください。

②メリット・デメリットを伝える

これはよく言われることですが、**商品やサービスの良いところ、欠点は、正直に伝える必要があります。** もちろん、良いところは全力で伝えましょう。それこそ、たくさんキーワードを出しておくといいですね。切り口を変えて伝えることで、どこかに引っかかる人もいるはずです。

ですが、100％完璧な商品なんて、そうそうあるものではありません。逆に良いことばかりを伝えたとしても、お客様が不審を抱くきっかけになるかもしれません。**メリット、デメリットともに、きちんと伝えるようにしてください。**

メリットは、その人が商品を買った後の未来が見える大切な部分なので、たくさん書いたほうがいいに決まっていますが、逆にメリットを伝えると同時に、デメリットも伝えたほうが、より売れやすい傾向があることをご存知ですか？ **悪い部分、デメリットを納得した上で購入してもらったほうが、後々クレームにもなりにくいという利点もあります。**

この、「メリットとデメリット」の両面を見せるということを、違う切り口で見たときに、「理想と現実」を見せることが、より売れる方向性を作っているのでは？ と感じます。

例えば、ダイエットにしても、文章力にしても、英語力にしても、営業力にしても、なんでもいいんですが、「こうなりたい」という理想があるけれど、「今は○○な状態」という現実があって、その差を埋める、その差を近づけるのが、商品でありサービスですよね。だったら、**商品やサービスの良さをたくさん伝えるよりも、現実をしっかり伝えてから、商品（サービス）を紹介したほうが、より読み手の心に響くと思うのです。**

この部分が、「誰を助けたいのか？」に通じるところでもありますから、あなたの商品やサービスをさまざまな切り口から見た上で、たくさんのメリットと、確実に伝えておきたいデメリットについて書くようにしましょう。

③口コミ、レビューを集める

　あなたが何かの商品やサービスを購入するときに、何を決め手に選びますか？　価格でしょうか。機能でしょうか。アフターフォローやケアでしょうか。実際に使っている人、その場所に行った人などの感想もあるかもしれませんね。そんなに欲しいと思っていなかったものでも、テレビの広告や雑誌の広告を見て欲しくなったり、旅番組を見て美味しそうな料理を見て食べたくなったりと、欲しくなるきっかけは様々です。

　口コミは、「口頭でのコミュニケーション」の略ですから、親しい人、家族や友人など、自分に近い人の声を参考にして購入することが多いです。生の声ほど参考になることはないのかもしれませんね。この「口コミ」は、現在はリアルだけではなく、WEBサイトのなかにも「口コミ情報」「口コミサイト」などができているほど、使われる言葉になりました。

　では、「レビュー」はどうでしょうか。レビューの元々の意味は、「批評する」「復習する」「再考する」などですが、一般的に使われるのは、映画や音楽の鑑賞をすることや、製品を購入し使用した感想、また店舗や施設を利用した感想を「レビューする」と言うようになりました。今では、Amazonでの書籍レビューを始め、どんなWEBサイトでもレビューページがありますね。それだけ、**WEB上で何かしらの商品やサービスを購入する人は、レビューにある他人の感想や意見を気にしているということです。**

　ということは、**あなたも何かをWEBサイトで販売するときには、きちんと感想を集める必要があります。**最初は、友人など近い人に商品を使ってもらい、感想を書いてもらいましょう。それをWEBサイトに載せます。いくつか売れていくなかで、実際のお客様にレビューをお願いするようにしてください。そのときは、せっかく時間を使って書いていただくのですから、次回のお買い物時の割引券など、お客様が喜ぶものを提示することも忘れないでくださいね。

　口コミやレビューの数が多いほど、信頼されているWEBサイトだと認められるようになります。手を抜かずに、集め続けていきましょう。

高額商品ほど、WEB文章で
大きな木を育てる

　これまでの経験上、WEB上で文章を書いてきて、「売れないものはない」と、本気で考えています。10年以上コンサルティングもしてきていますが、**数百円のものでも、数千万円のものでも、SNSやブログから売ることができています**。もちろん一朝一夕ではいかないですし、Chapter1でもお伝えした、継続がとても大切です。でも**諦めずに自分メディアを育てていけば、あなたの売りたい商品やサービスは、必ず売れるようになるでしょう**。

　商品やサービスを読者にお知らせする記事のことを「告知記事」と言います。告知記事は、募集案件の詳細を書くメイン（木の幹となる）記事と、そのメイン記事にリンクする枝記事を書くことで構成していきます。大きな木をイメージしてください。

　木の幹となるメイン記事の内容を充実させればさせるほど、幹は太くなり、枝記事をたくさん書けば書くほど、木は大きくなり、実がなり、多くの人に見つけてもらいやすくなります。では、木の幹となるメイン記事には、何を書けば良いでしょうか。

- キャッチコピー（記事タイトル）
- リード文（導入の文章・自分のことだと思ってもらう）
- 具体例や、ビフォーアフター（自分のこと、クライアントさんの変化でもOK）
- 内容（商品やサービスの内容）
- 詳細（日程、場所、価格など）
- 申込みフォームへのリンク
- メッセージ（自分の思いや、背中を押す一言）

　最低でも、これだけのことは入れましょう。最初から全てを入れるのは難しいかもしれませんが、何度も書いていくことでコツがつかめてくるは

ずです。次に、枝記事に入れる内容です。これは具体的な商品があったほうがわかりやすいと思うので、商品を「講座」とします。あなたの商品やサービスならどうなるかを考えながら見てください。

① なぜ、その講座をやるのか（商品を売りたいのか）
② 誰に来て（買って）ほしいのか
③ 来て（買って）くれた人にどうなってほしいのか
④ 持って帰れるもの（メリット）はなんなのか
⑤ 金額の理由（お得だと思ってもらえるように）
⑥ 開催（販売）時期の理由
⑦ あなたの思い

　これらは最低限、必要でしょう。後は、それぞれの分野によって書けることが変わってくるはずです。**あなたにしか書けない内容が「あなたが選ばれる理由」につながることもあるので、大事にしたいところです。**
　枝記事に関しては、記事は多いほうがいいです。木の幹はあるのに、枝が少ないと寂しいですし、実もなりませんよね？　できれば8記事以上は書いてほしいところ。あくまでも目安ですし、あなたの目標、講座の場合は満席になるまで書いてください。書くことに慣れていけば、8記事書くまでもなく、売れたり、セミナーなどなら満席になるはずです。

　WEB文章で大きな木に育てるために、告知記事に力を入れたい、上手に書けるようになりたい、反応の取れる記事にしたい。そういう気持ちはよくわかりますが、**本当に大切なのは、告知記事を光らせるための日々の記事です。**ふだん何の役にも立たない記事を書いていて、告知記事だけ完璧な記事を書いたとしても、読者は「？？？」となるだけ。**誰かの役に立つ、誰かを助ける、気持ちが楽になる、クスッと笑える、どんなことでもいいから、読者の時間を無駄にしない記事をふだんから書いているブログが、告知記事も読んでもらえて、申し込みもしてもらえるのです。**
　それ以前にフォロワー数はどれくらいいるのか、ブログタイトルや肩書はきちんとしたものになっているのか。**集客は、日々の記事があってこそなのです。**

WEBで「売ってください」と言われる胡蝶蘭の法則

　あなたがこれから売りたい本やサービスがあるなら、何ヶ月後にリリースするかを明確にして、それまでの時間を有効に使ってください。題して、胡蝶蘭の法則！

　例えば、3か月後に自宅サロンを開くとします。**3ヶ月後ということはサロンのオープンまでほぼ90日ありますよね。つまり、90話の自宅サロンオープンまでのストーリーを語れるということです。**

物語で売れる！　胡蝶蘭の法則とは？

　まずは、あなたが自宅サロンをオープンするまで、90話のストーリーの目次を作りましょう。

第1話　わたしが自宅サロンを開こうと思ったきっかけ
第2話　サロンを開くまでにわたしがした準備
第3話　サロンで使うかわいいスリッパを買いに行った話
第4話　開業届けを出しに行った日
第5話　勤めている職場を辞めた日
第6話　サロンを開くために学んだこと
第7話　友だちにモニターになってもらった話

　など、なんだか本みたいですね。実際、ブログに開業ストーリーを書いたことから出版につながった人はたくさんいます。最初から目次のように綺麗に並べられなくてもOK。**開業までどんなエピソードがあるのか、思いつく限り書き出してみてください。書き出していくと結構語れることが出てきます。**目標90個。出せるだけエピソードを出し切ったら、それを時系列的に並べて目次作りをしましょう。そして、1記事ずつSNSでアッ

プします。

　もしも、90個も思いつかなくてもだいじょうぶ。**書いているうちに自分自身も開業ストーリーに感情移入して、もっとこんなことが書ける、あんなことも書けそうと、書き始める前には思いつかなかったエピソードが書けるようになるのです。**

　コメントやいいねをもらうなど、反応が返ってくるようになると、コメントのなかからストーリーのヒントが生まれたり、わたしの開業について知りたいことはないですか？　と質問を募集すれば、ストーリーが双方向になって、フォロワーと一緒に作っていけます。そうすると、ますますフォロワーはあなたのストーリーに感情移入してくれます。

　また、記事に合う写真も載せましょう。自宅サロンで使うスリッパや、家の模様替えの写真など、写真があると臨場感が高まります。Instagramには写真をじゃんじゃん載せ、ブログでは開業ストーリーを文章でしっかり語る、メディアの特性を生かして開業ストーリーを盛り上げていきましょう。

　最初に「自宅サロンを開きます！」と宣言して、翌日からサロンを開くまでのプロセスをアップしていきましょう。**人は挑戦する人や、リアルなドラマが好きなので、だんだんあなたの開業までのストーリーに興味を持つ人が出てきます。記事をアップする時間も20時や21時など、決まった時間にすると、ドラマを心待ちにするように楽しみにしてくれる人も出てきます。**

　自宅サロン開業の前日まで、開業ストーリーを語ります。自宅サロンなので住所を公開することもあるかもしれません。あなたの開業ストーリーに感情移入する人が増えれば、開業する日に胡蝶蘭が届くかもしれません。これが「胡蝶蘭の法則」です。

本を出版したいあなたは、出版の裏側をコンテンツ化しよう！

　本を出版する場合なら、本の発売日まで、出版オファーが来たこと、原稿を書いている話、出版社での打ち合わせ、表紙デザインの人気投票、などなど出版までのストーリーを語れます。打合せはしているけど、まだ企

画が通っていない場合なら、「近々、良い報告ができるかもしれません」と、明かせる範囲で明かしていく。

　わたしも表紙デザインアンケートや、タイトル案アンケートをよく取ります。そうすると、本作りに参加しているような気分になり、ストーリーを読み続けた人は、あなたの自宅サロンがオープンすることや、本が出版されることを楽しみにしてくれます。

　わたしは、恋愛ノウハウ本から出版キャリアをスタートして、2013年に初めて自分の人生を語る本を出版することになりました。そのときにFacebookで毎晩21時に自分が逆境にあったリアルな体験談を書き続けました。

　いつもポジティブな文章を書いていたわたしとギャップがあったのか、毎回200いいねの反響をいただくようになったところで、「毎日読んでいただいていたあの話が本になります！　作家10年、初めて等身大の自分のことを書きます！」と発表しました。

　きちんとタイトルもつけましょう。「乗り切る力が本になるまで」「かわいくなる本の裏側」など、わたしも毎回タイトルをつけますが、**タイトルがあると、ドラマやアニメのようにいつものあれだ、と楽しみにしてもらえます。更新時間も、そのコンテンツにあった時間帯を選びましょう。**

　わたしの逆境ストーリーには夜がハマりました。

　もちろん、この本が出版されるまでのプロセスも、「あゆみきプロジェクト」と題してストーリーを語ってきましたので、出版を心待ちにしてくれる人がいます。何かをリリースする前には、ストーリーも用意してくださいね。

【ワーク1】
164 ページのドキュメンタリー番組「6つのプロセスのフォーマット」にご自身の素材を当てはめて、あなたのプロフィールをドキュメンタリー的に書いてみましょう。

【ワーク2】
ドキュメンタリー的なプロフィールを書いておくことも面白いですよね。どんな場面で活用できそうですか？　思いつくままに書き出してみてください。

Chapter 8

SNS別ハマる
WEB文章術

SNS 相関図から、あなたの
オフィシャルメディアを設計する

Chapter8では、あなたが使うSNSを想定していただき、それぞれに必要な文章の役割を知っていただけたらと思います。どのSNSにも特徴があり、メリットやデメリットがあります。自分に合ったSNSを知ることができたら、発信も楽しくなるはず。ぜひ自分の望む結果に合ったSNSを選んでいただいて、発信を続けてください。

あなたが出版を考えるなら、必ずブログやnoteなどの文章メディアをやってほしいところですが、やりたいことによって、メインとなるメディアは異なるでしょう。ファッション、飲食、アートなど感性を活かしたり、物販ジャンルなら、Instagram、あなたという存在を売り、インフルエンサーを目指すならYouTube、TicTokかもしれません。

まずはメインメディアを決めよ！

まずは、あなたのメインメディアを決めましょう。そのメディアを盛り立てるために、他のSNSからアクセスを送ります。各メディアには特性があります。

どのメディアでどんな発信をするかを決めて、更新のタイミングも決めてしまうと、ルーティーンができて、効率的かつ効果的。そうすれば、SNSが多すぎて、更新するのが負担になることもなくなります。

必ずしも、全てのメディアを毎日更新する必要はありません。特性を生かして、より効果的に更新することが大切なのです。

SNSの更新が最適化する！　メディア相関図の作り方

　そのためにオススメしたいのが、メディア相関図を作ること。相関図とは何か、例えば、ドラマの登場人物にどんな関係性があるのか、まとめた図のことです。主人公と、この男性は恋人同士、この女性は同僚など、あなたも見たことがないでしょうか。主要な登場人物が一覧にまとめられているので、どんな相関関係があるのか一望できます。**あなたの運営しているメディアが、それぞれどんな関係になっているのか、相関図にまとめてしまいましょうというのが、メディア相関図です。**真ん中が、ドラマで言うと主人公、メインメディアです。ブログメインならブログ、Instagramメインならinstagramを真ん中に置きます。ブログを更新したら、その記事をFacebookにシェアしたり、Twitterにシェアすることができます。その場合、ブログから出た矢印が、FacebookやTwitterにつながっていると表示します。

　Instagramには、個々の投稿にURLを貼れません。**プロフィールのところに、URLを一つだけ貼ることができるので、ここにブログのURLを載せたり、ブログの記事につながる投稿をして、「詳しくはプロフィールからブログ最新記事を見てね」と案内文を書いたり、QRコードの画像を貼るなどの工夫をします。オフィシャルWEB、または1ページで全てのSNSの一覧が載せられるリットリンクを貼るのもいいでしょう。**

　Instagramの投稿は、Facebookに簡単にシェアできます。わたしの場合、同じ投稿をInstagramに投稿するよりも、Facebookにシェアした投稿のほうがたくさんのいいねをいただきます。Instagramには、ストーリーという短時間で消える縦長の写真や動画を投稿できるページもあるので、チラシを渡すようにリアルタイムに知らせたいことがあるときや、自分の感性を発信して楽しみたいときに、効果的に活用することができます。アメーバブログへのリンクを貼ったり、横長の写真をシェアして上下に文章を入れることもできるので、まさにチラシのように使えます。数秒しか表示されないので、情報量は5秒で読めるくらいの範囲にとどめましょう。

メディア相関図を活用して各SNSの特性を活かす！

　どのメディアを更新したら、どのメディアにシェアするのか、それを明確にすれば、各メディアをどんな順番に更新すればいいのかが明確になり、使う写真も、ブログのサムネイルはこんな写真、インスタのストーリーはこの写真、ふだんの投稿はこの写真など、メディアを更新する前に、用途や時系列を考えて準備することが可能になります。

　また、**各メディアをどんな目的で更新しているのかを明確にすることで、発信に迷いやブレがなくなります**。迷いやブレがあると発信に時間がかかり、更新が負担になり、だんだん更新しなくなることにつながりますので、楽しく発信し続けるためにも、**各メディアの役割と相関関係を明確にしましょう**。

　それぞれのメディアが使い回しだと、フォロワーにがっかりされそうで心配、だけど毎日全てのメディアに違う話題を投稿するのは大変すぎるという人がいますが、だいじょうぶ。**全てのメディアを見てくれる、あなたの大ファンもいると思いますが、基本ブログが好きな人はブログだけを見ていますし、Instagramが好きな人は、わざわざブログまで読みに行くことは少ないです**。同じ写真、話題でも少しずつメディアの特性を生かして、違う切り口で投稿すればバラエティーに富んだ投稿が可能です。

1ネタ全メディア使い回しの極意

　あなたは料理をするときに、同じ素材で、同じ料理で、朝ごはん、お弁当、夜のつけ合わせなど、用途と味つけを少しずつ変えて使い回すことがありませんか？　料理と言えば、お正月におせち料理を食べた話のケースを例に、使い回しの極意をご紹介します。

　文章よりも先に写真を見るInstagramでは、おせち料理の写真を全面に推します。ブログには、どんな風におせち料理を作ったか、料理ができるまでの過程を写真に撮り、文章の間に挟みます。

　Facebookには、Instagramの投稿をシェアできますが、コメントしやすいコミュニケーションに向いたメディアなので、おせち料理の写真はお正

月の挨拶がわりに載せ、コメント欄がたくさんの新年の挨拶でいっぱいに
なりそうです。

　各メディアの特性や、メインメディアをどんなSNSにするかには個人
差がありますが、まずはメディア相関図を書いて、それに従ってメディア
を更新してみて、あなたのメディア運営のルーティーンと役割を明確にし
てください。それが、長期にわたり、楽しくメディア運営を継続するコツ
です。

藤沢あゆみのメディア相関図

オンラインサロン

・出版メソッド
・メディア運営術

実践・応援

グルーノ

・出版メディア相談室
・あゆみき本応援グループ
・ブログ力向上委員会

コミュニティ

ブログ

・総合的なテキスト配信

文章力をみせる場所

Clubhouse

・あゆみき出版メディア相談室
・ことばで夢をかなえるクラブ

トーク

藤沢あゆみ

Facebook

・すべてのメディアが集結
ブログ／ Twitter ／ライ
ブ配信／コミュニティ

Instagram

・日常・出版・家族
・おしゃれ・料理
・ストーリー

感性

Twitter

・おとな恋愛
・ファイターズ応援

出版・仕事の種

LINE 公式アカウント

・お悩み回答集

**本・コンサル
につながる**

メルマガ

各SNSの特徴と、
WEB文章の役割を知る

　ここからは、たくさんあるSNSのなかからいくつかピックアップして、それぞれの特徴と、必要なWEB文章の役割について説明していきます。すでに知っているものは改めて確認していただいて、そのSNSに合った文章が書けているかチェックしてください。使ったことのないSNSは、自分が投稿できそうか？　継続できそうか？　などを考えてくださいね。

① Twitter（ツイッター）は、チラシをまく場所

　言わずと知れた、140文字投稿のSNSです。2006年にアメリカで生まれました。投稿は「ツイート」「つぶやく」と呼ばれ、比較的若い世代に使われているSNSでもあります。**拡散力の強さから年々使う人が増えていますし、ハッシュタグ文化も生まれており、ハッシュタグをつけることで、より情報が拡散されるようになりました。**ただ投稿には全角で140文字、半角で280文字以内という文字数制限がありますから、ハッシュタグをつけ過ぎると投稿内容が伝わらなくなりますので、そこは注意してください。

　140文字は短いですから、なんのためにTwitterをやるのか、最初に決めておいたほうがいいでしょう。目的が決まったら、何をつぶやくのかを考えて、投稿を始めてください。フォロワーが増えてくると、気になるツイートはリツイートされて広がっていきます。**Twitterはチラシをまく場所と考え、広まってほしい内容を書いていくといいですね。**もちろん、その内容はフォロワーに気づきを与えるものだったり、何かしら役に立つものにしましょう。

　以前、わたしがツイートした内容がバズり、リツイートが200を超えたことがありました。そのときの内容は、
「文章を味噌汁にたとえるなら、具は文章の素材。できれば具は多いほ

がいいよね。美味しい出汁を取るには良いインプットが必要。悪い出汁だと、そもそも美味しくならない。そして、忘れちゃいけないのが味噌。最後に入れる味噌は、あなたの想い。」

というもの。ブログで文章術のことを書いている時代だったので、一緒にブログのURLを載せたところ、一気にブログのフォロワーが300人以上増えました。

140文字で書くことは、文章の要約力がつく練習にもなります。文章の練習にもなり、広めたいことを拡散できるチャンスもある場所。空いた時間にツイートしてみてはいかがでしょうか。

② Instagram（インスタグラム）は、世界観を見せる場所

Instagramは、2010年にアメリカで生まれ、またたく間に世界中に広がりました。それまで画像専用のSNSがなかったこともあり、若い世代から火がついたようです。主に「**写真や動画を投稿する**」「**他人の写真や動画を見る**」ことがメインのSNSで、先ほど紹介した**Twitterのような、他人の投稿をシェアする機能はありません。**ですが、ハッシュタグの機能は確実に広まっているので、若い世代を中心に、何かを検索するときは、GoogleやYahoo!を使わずに、Instagramでハッシュタグ検索をする人が増えています。

「インスタ映え」という言葉が生まれた頃は、画像や動画がメインでしたが、数年前からは文字投稿も増えてきました。**Instagramは画像を10枚まで載せられますから、自分の専門知識を文字にして画像に載せて投稿します。**画像だけを載せる場合は、画像メインで短い文章を書くだけで伝わりますが、文字投稿をする場合は、投稿するテーマを決め、しっかり内容を要約して載せる必要があります。**投稿する内容が画像にしろ、動画にしろ、文章にしろ、フォロワーに伝えるのは、あなたの世界観です。**世界観が明確であればあるほど、ファンが増え常に投稿を見てくれるようになり、あなたが欲しいアクションをしてくれるようになります。

Instagramを投稿するときに、一点注意しないといけないことがあります。Instagramは Facebook や Twitter、アメーバブログ、mixi などに自動的に連携することができるので、それをやってしまうと、属性の違うSNSに投稿されてしまいます。一つの投稿を全てのSNSに載せたい人は

いいですが、世界観が変わるとファンが減ってしまう原因にもなりますから、よく考えて連携してください。

③ブログは、世界中に届く読み物

　ブログの歴史はけっこう長く、1990年後半には「WebにLogする」という意味の「ウェブログ（weblog）」としてスタートしています。日本では2002年には伝わってきており、2004年から爆発的にブログの投稿をする人が増えたと言われています。わたし（戸田）がブログを始めたのが2004年ですから、ちょうど流行り出したときにスタートしていたことになります。

　当然ながら、ブログは文章を書く場所です。もちろん画像や動画なども載せられますが、メインは文章です。**あなたの伝えたいことを思う存分書ける場所でもあります。**文章は上手に越したことはないのかもしれませんが、それよりも、**本当に思っていることを書く、等身大の自分で書く、目的を持って書く、伝えたいことを具体的に書く、これらのほうが大切です。**世の中にはたくさんのブログであふれていますから、あなたはどんなブログが好きか、真似してみたいと思うブログはどんなブログか、リサーチしてみましょう。それから始めてみても遅くはありません。

　メディア相関図のところでもお伝えしましたが、**ブログをメインに、他のSNSを周りに置いて育てることで、ビジネスも大きくなる可能性を秘めています。**特に個人のブランディングにはピッタリです。どんな立場の人でも、どんな仕事をしている人でも書けますから、ブランディングのためにも、読み物となるブログを書いていくことはとても大切なこと。キーワード出しから挑戦して、あなたオリジナルのブログを育ててください。

④ note（ノート）は、文章力を育てる場所

　noteは、しっかり文章が書けるメディアです。わたしの出版塾に参加してくれた人のなかにも、noteで100のキーワードでコンテンツを書き切った人たちは、人気ライターに成長し、いずれも出版を叶えています。

　noteには素晴らしい点がたくさんあります。まず、**デザインがシンプルで広告が入らず、文章を書くことに集中できるメディアだということ。**

実際、文章が好きな人が集まっている印象があります。

　アメーバブログを始めとしたコミュニティブログは、投稿記事のサイドバーに自分がフォローしたり、されたりしたフォロワーの更新情報が表示されますが、**noteの場合は、自分が書いた文章のテーマや、つけたハッシュタグによって関連性のある記事が、自分のnote記事下に表示されます。**誰とつながるかよりも、どんなコンテンツでつながるかを重視した設計になっていると言えるでしょう。

　noteは、望む情報に行きつくために無駄がない設計になっています。さらに比較的長文を書く人も多く、文章が好きな人に向いているメディアです。音声コンテンツをアップしたり、趣味でつながることもできたり、コンテンツをマガジンという形でまとめたり、有料で販売することもできるなど、**かなり多機能で、オンラインサロンのような使い方をしている人も多いようです。**

　また、BASE、STORESなどのネットショップとも連動していて、最初に設定しておけばサイドバーに表示できるのも、コンテンツを販売している人にとってはうれしいところ。**WEBで文章を書くことで自分のコンテンツを販売することに慣れる場所としても活用できるSNSです。**

　まずは、アメーバブログなど、コミュニティを作りやすい文章メディアで発信することに慣れたら、次のステップとしてnoteを始めてみるのもオススメです。あるいは、コミュニティ的なつながりが苦手で、文章を書くことに集中したいあなたは、noteから始めてみるのもいいでしょう。

　noteにはSNSにシェアできるボタンがついていて、なかでもTwitterとの相性が良いです。noteで人気ライターになることで、Twitterでも人気になっている人もいます。特定のコンテンツをまとめて読めるメディアであることから、noteから出版を叶えたり、コンテンツ販売で収益を得ている人もいます。

⑤ Facebook（フェイスブック）は、交流を広げる場所

　Facebookは、日常のちょっとしたことを気軽に投稿できるメディアであると同時に、非公開のグループで、出版など活動を応援するコミュニティを作ったり、有料のオンラインサロンを運営することもできますし、

チャットグループでメッセージのやり取りもできる、**コミュニティを作り
やすく、交流を広げることに最適なメディアです。**

　また、セミナーやオフ会など、**イベントの募集記事を作ることもでき、
集客にも使えます。基本的に実名登録であり、実社会に近いコミュニティ
活動が可能です。**わたし自身、日々の等身大のつぶやきから、ダイレクト
メール、グループ機能を生かした応援グループ、趣味のグループ、オンラ
インサロンの運営、イベント集客など、Facebookの機能を最大限に活用
しています。

　**Facebook ならではの特徴として、自分のフォロワーに誕生日が知らさ
れる仕組みがあります。**そのためこの日は、友だちやフォロワーからたく
さんのお祝いコメントが書き込まれます。Facebookの設定を自分だけが
書き込めるようにしておかなかった場合、何百人ものフォロワーの書き込
みで、あなた自身の投稿が埋もれてしまいます。誕生日が来る前に、設定
は自分のみ書き込めるようにしておくことをオススメします。

　ですが、**1年で一番多くの人に見てもらうチャンスでもあります。一つ
歳を重ねる自分の決意や、これからやりたいことなどを宣言し、フォロ
ワーや周囲の人への感謝のメッセージ記事を書くといいと思います。何度
も表示されることになりますから、あなた自身や、今のあなたの気分をよ
く表しているお気に入りの写真とともに投稿しましょう。**

　あなた自身が誕生日記事を一つ書けば、そこにみんながお祝いメッセー
ジを書き込んでくれるので、メディアとしても見やすくなります。なお、
この日はダイレクトメールもたくさん届くでしょう。というのも Facebook
の投稿にコメントやいいねなどのアクションを起こすと、その投稿に誰か
がコメントやいいねをするたびに自分にお知らせが届く仕組みになってい
るので、そのことを知っている人は、それを避けて個別にメッセージをく
れるのです。

　Facebookでは、いいねやコメントの多い投稿は良コンテンツとみなし、
ニュースフィールドに上がりやすくなるのはいいのですが、コメントやい
いねをくれた人に通知が頻繁に届くため、負担に思ってフォローを外す人
もいます。ですので Facebook での誕生日のお祝いは、負担にならない程
度に。

　ただ年に一回多くの人に自分の言葉を届けるチャンスでもあります。

WEBでバースデーパーティーを開けるようなことですから、うまく活用してくださいね。

⑥メールマガジン（メルマガ）は、個人的な手紙

　メールマガジン（以下、メルマガ）は、発信者が定期的にメールで情報を送り、読みたい人がメールアドレスを登録して購読するシステムです。無料、有料の配信スタンドがあり、配信者は配信スタンドに登録して、文章を配信します。毎日配信する人もいれば、3日に1回、1週間に1回、1ヶ月に1回と、配信ペースは自分で決めることができます。

　ブログは世界中の人に読んでもらえるオープンなものに対して、メルマガを読んでもらえるのは、登録してくれた人だけのクローズな場所。メールアドレスを登録するという、ワンアクションを起こしても読みたいという、あなたのファンだと思っても良いでしょう。登録してくれた人数が多いほど、あなたのファンが多いことになります。

　メルマガに書く内容は、それこそ自由です。あなたが書くことならなんでも読みたいと思ってくれている人たちに書くわけですから、あまりかたくならず、考え込まず、手紙のような気持ちで書くのはどうでしょうか。

　あなたの考え、仕事への思い、ふだんの生活や行動、そして自分のやりたいこと。わたし（戸田）の場合、ブログは記事を毎日書いていますが、メルマガは月に1本か2本。こんなに大きく差があるのに、読者と濃くつながっていて、何かを始めるときは常にメルマガからです。それは、メルマガ上でテストマーケティングができるから。「実は、こんなことを始めようとしています。興味はありますか？」とメルマガ読者にアンケートを取ります。メルマガ読者の5％から「興味がある」と返事があれば、そのメニューをリリースするようにしています。

　ブログとは違ってコンテンツをためる媒体ではないですが、読者のみなさんと常に手紙のやり取りをしているイメージですね。

　ブログと同じく、メルマガも読者は一足飛びには増えないですし、コツコツ育てるものですが、いざというときに絶大な力を発揮するものと、覚えておいてください。

⑦ HP（ホームページ）の文章から学ぶ SNS 文章との違い

　本書では主に、ブログや、noteなど、SNSの文章術について語っていますが、WEB文章術といえば、ホームページの文章も WEB 文章の一つです。**SNSの文章と、ホームページの文章の違いとはなんでしょうか？大きな違いは、お店なのか商品なのかというところです。**

　SNSは毎日動いていて、変動します。ホームページも更新することは可能ですが基本的に、お店のように、そこに建っている動かないメディアです。ホームページに載せる文章は、プロフィールや、自分の仕事や活動の紹介、ミッションなど、普遍的に変わらないことを書きます。基本的には、変化があったときにしか書き換えないので、いつ見ても差し支えのないことを書きます。

　お店は一度建てたら、そうそう建て替えることはありません。SNSの文章は商品なので、今の売れ筋やシーズンによって移り変わります。洋服で言えば、ホームページの文章はトレンドに左右されない正装、SNSはトレンドも意識した日々のコーディネイト。**ホームページには信頼感とわかりやすさ、SNSには興味とまた見たいという期待感が必要です。**この場合のトレンドというのは、必ずしも世間に合わせるという意味ではなく、自分自身のスタンダードを見せるか、新鮮味をプラスするかということです。

　ホームページの文章と、SNSの文章の違いとして、もう一つはホームページは検索をして、自分を全く知らない人が見てもどんな活動をしている人かわかる必要があるということ。SNSも、検索からたどり着いて存在を知ることもありますが、一度来てもらったら、次は自分のファンになってまた見に来てもらえるように、飽きさせないように動きのあるストーリーを見せ続ける必要があります。ホームページの文章とSNSの文章はある意味対照的と言えるでしょう。

　お店や組織、人名を検索すれば、ホームページだけではなく、各SNSも同時に出てきますが、検索してまず全貌を捉えたいと思う人は、ホームページにアクセスします。その結果、興味を持てば当然SNSも見たくなります。**ホームページにはSNSのリンクを載せ、スムーズに各SNSにた**

どり着けるわかりやすい動線を作っておきましょう。

⑧ SNS にコメントするときのポイント

　SNSへのコメントも文章の一つです。とってつけたことを書く必要はありませんし、気を使いすぎても楽しくないですが、**コメントはブログやトピックに書かれている本文を守り立てる拍手のような存在だと考えておくといいですね。**

　自分がブログを書くときは、アップする前に見直すと思いますが、コメントは書いて投稿ボタンを押したら基本的には見直しません。編集もできますが投稿したら人目に触れてしまいます。コメントも文章と考え、見られてもOKか投稿ボタンを押す前にチェックしてくださいね。

　SNSにコメントする場合、見落としがちなことがあります。例えばブログにコメントする場合、ブログを書いた人にコメントを読まれる意識はあっても、あなたのコメントがその人のブログを読む人にも読まれることを忘れていること。つい、感情に任せてコメントしたらコメント欄が荒れてしまい、ブロガーさんに迷惑をかけてしまうなど思いもしないことが起こる場合があります。

　今はほとんどのSNSで絵文字が使えるので、文字のコメントだけでは無機質に感じたり、気持ちが伝えきれないときは、必要に応じて絵文字を使うと効果的です。

　長い意見を求めているようなケースではない場合、SNSのコメント欄はほとんどちょっとした一言を伝える場であると思います。短く軽快な一言を、普通に話すよりも若干弾んだ軽い言葉をかける感覚でコメントしましょう。あなたがコメントすることで、他の人もコメントしやすくなったり、楽しいコメントで賑わうのもSNSのコメント交流の醍醐味です。

　しっかりした意見を求められている場合は、できればメモ帳などに下書きしてからコピー＆ペーストでコメントすることをオススメします。文章が長くなると、自分が思わない改行になって見た目に読みづらく、圧迫感を与えることがあります。意見を求められるケースはそうでなくても重めのコミュニケーションになる傾向があるので、改行を整えて見た目に読みやすいか確認してからコメントしましょう。

191

クリックしたくなるシェアの極意

「あゆみさん、イベントをするのでこの情報シェアしてもらえますか？」

そんなお願いをされたり、自主的に紹介して応援したいと思ったときに、ちょっと待てよと思うことがあります。それは、情報をシェアすることについて、多くの人が軽く考えすぎているということです。

シェアをあなどることなかれ！

情報は、他人事になるほど伝わりにくくなります。わたし自身が開催するイベントではなく、他の人が開催するイベントをわたしが紹介する場合、自分のイベントを開催するよりも伝わりにくくなるのです。そのため、**興味を持ってもらうには、自分のイベントを紹介する以上にイベントの内容や、イベントを開催する人に興味を持ってもらう必要があります。**

そこで、わたしはイベント情報のシェアを頼まれたら、いかにしてイベントと開催する人に興味を持ってもらうかを考えます。多くの場合、これをシェアしてくださいと言われて送ってくれた原稿がそのまま使えることはありません。シェアを依頼する人は手間がかからないように原稿を作ってくれているのだと思いますが、伝わらなかったら意味がありません。

シェアしてクリックしたくなる４つのポイント

ではシェアをしてクリックしたくなる４つのポイントを紹介します。

- その人やイベントのことを初めて聞いても興味を持つ内容か
- 一度聴いて覚えられないマニアックな言葉を使っていないか
- その情報を知った人にとってメリットが明確か
- 参加、お申し込みまでの動線はわかりやすいか

シェアをする文章を書くときは、この４点を満たしているかをチェックしてください。**誰がどんなことをするのかわかりやすく、あなた自身がその人のことを何も知らなくても、初見でその記事を見て興味を持ちそうか、素直に感じてみてください。**

　よくわからない、あなたが見て難しそうだと感じるなら、ほぼ離脱します。なぜなら、少なくともあなたは情報を確認した上で、自分がどう感じるか再度読んでみているわけで、初見ではありません。それを初見の人が見た場合、今のあなた以上に何も知らない状態で情報を見ています。**あなたが確認してもわかりづらければ、初見の人にはもっとわかりません。**動線がわかりやすいか、改行などの見た目にも注意して、読み進める動線を遮らないかもチェックしてくださいね。

情報をシェアするときの大事なポイント４つ

主催者やイベントのことを知らなくても興味を持ってもらえる内容になっているか。
情報内容のなかに聞いたことのないマニアックな言葉が使われていないか。
情報を伝える相手にとってメリットがあるか。
参加申込方法は、わかりやすいか。

〈イベント情報例〉

WEB文章術講座

WEB文章の可能性は無限大！
○○○○○○○○○○○○○○
○○○○○○○○○○○○○

☆参加特典☆
その１ ○○○○○○○
その２ ○○○○○○
イベント当日発表の
お楽しみ企画あり！

●申込方法　○○○○○○○○○○
●問合せ先　○○○○○○○○○○

あゆみき出版 メディア相談室

戸田美紀　藤沢あゆみ

日時：○月○日○曜日
　　　0:00 ～ 0:00
場所：○○○○
アクセス情報：
○○○○○○○○
○○○○○

MAP

あゆみき出版メディア
相談室へはこちらから
（実際にアクセス可能です）

シェアするあなたが、その情報を理解した上で興味を持ってもらえるように伝えてくださいね

SNS別フォロワーの増やし方

　各SNSをどのように盛り上げ、フォロワーを増やすのか、その方法は無限にありますが、わたし自身の経験も踏まえて実証できているオススメの方法を選りすぐってご紹介します。

◆ ① Twitter（ツイッター）は、コンテンツ力で増やす！

　Twitterは、140文字限定のSNSであるため、気軽につぶやいている人が多いメディアです。**気軽にフォローできますが、常にタイムラインが動いていて、特定の人をフォローしておきたいという強い動機が起こりにくいメディアです。**

　Twitterでフォロワーさんを増やすなら、わざわざフォローする価値があるメディアに育てましょう。戸田美紀さんの文章についてのつぶやきがバズった例のように、あなたが140文字で意味のあるつぶやきができる専門分野があれば、あなたのTwitterのメインコンテンツにしましょう。

　わたしも、＃おとな恋愛、＃メディア構築、＃自己啓発など、いくつかハッシュタグを決め、意味があるコンテンツをつぶやくジャンルを持っています。140文字目いっぱい使ってノウハウをつぶやくのもいいですが、箇条書きにして【ブログ更新が毎日続く３つの極意】などタイトルをつけて、１，２，３と通し番号を打ってメソッドを書き、＃WEB文章術　など固定のハッシュタグを決めましょう。

　そういった**価値があるコンテンツを、朝、昼、晩と決まった時間に更新するなど、コンテンツ価値の高いメディアに育てれば、フォローしておきたいと思われる確率が上がります。**

②Instagram（インスタグラム）は、ハッシュタグを味方につけよ！

　Instagram のフォロワーの増やし方でオススメなのは、ハッシュタグの活用です。ハッシュタグと言えば、多くの人が自分を見つけてもらうため、検索されるためにつけていますが、わたしが一番オススメするハッシュタグの使い方は、「出かけるため」です。あなたがハッシュタグをつけたら、そのタグをクリックしてみてください、人気投稿が表示されます。

　わたしがオススメするのは、自分が人気投稿に上がらなくても、今すぐできる、見つけられる方法です。あなたがつけたハッシュタグで人気投稿に上がっている投稿を見て、この投稿いいね！　と思ったら♡マークを押して「いいね」してください。30個のハッシュタグをつけられて、そのタグぞれぞれの人気投稿は9件表示されていますから、単純に言えば自分から270件の投稿にいいねできることになります。

　Instagramの場合、あなたが「いいね」すると、その情報が、「いいね」した相手のスマートフォンに表示されますから、**相手にあなたの存在を知らせることができるのです。**

　見つけてくれるのを待たず、自ら出かける。ただし、やみくもにいいねをするのはやめてください。ツールで機械的にいいねしているとAIに判断される可能性があります。あなたが本当にいいね！　と思った投稿だけにいいねしてくださいね。**本当にいいね！　と思う投稿にいいねする、この習慣をつけると、**どんな投稿が人気投稿に上がるのか、その気づきになり、それはあなたの投稿にも知らず知らずのうちに良い影響を及ぼします。ハッシュタグの活用、楽しんでみてくださいね。

　また、Instagramでは世界観が重要ですが、1人の人の活動は、例えば文章術のみだと更新していても楽しくないですし、ハッシュタグのバリエーションも限られます。そこで文章術、おしゃれ、スタイルアップ、のようにいくつかの番組を持つ感覚で、様々なコンテンツを発信しましょう。それぞれに興味を持つフォロワーが変わるので、いろんな場所に出かけられ、ビジュアル的にも絵変わりします。**世界観を保つためには、この**

バリエーションに規則性をもたせサイクルを決めて投稿すると、見た目にも美しく、その投稿を楽しみにしてくれるファンができます。

💎 ③ブログは、こまめなフォロー活動でフォロワーを増やせ！

　ブログのフォロワーを増やすには、当然ブログをアクティブに書き続けることも必要ですが、それと合わせてフォロー活動をしっかりやりましょう。**ブログを書くことが発信だとしたら、フォロー活動はアクティブな受信です。ここを丁寧に行うことでフォロワーを増やしていけます。**今はブログをスマートフォンから書いている人も多いですが、パソコンから書いている人もいます。**フォロー活動についてはスマートフォンからやったほうが気軽にできます。**空き時間にサクサクやりましょう。

　わたしはアメーバブログをやっているので、あなたのブログとシステムが違うかもしれませんが、できることがあれば取り入れてみてください。フォロー活動と言うと、どういう人をフォローしたらいいのか基準がわからないという質問をいただきますが、向こうから来てくれる人に対応するだけでもかなり活性化します。

　「いいね」をもらったら、いいねをしてくれたブログに行って「いいね」します。フォローしてくれたブログを見て、いいねをして、自分がつながりたいと思ったブログだったらフォローを返すといいですね。アメブロの場合は、自分からフォローできる人数は2000人ですので、枠も考えつつフォローしましょう。

　なおアメブロのスマホアプリでは、フォローする際に、そのブログとつながっているブログが3件、表示されます。わたしはその3つのブログを見ていいねしています。

　わたしの職業は、出版したい人を応援したり、文章や発信の方法を教えることですので、**わたしがつながりたいのは、アクティブに更新していて、コンテンツをしっかり書いて出版を目指しているブロガーです。**アメブロの場合、2000人をフォローできるので、フォローするブログの基準は自分なりに設けてもいいでしょう。ときどき、自分がフォローしているブログをチェックして、更新されていなかったらフォローを外したり、逆にア

クティブに更新されていたらフォローして、つながるブログをアクティブ
なブログにしましょう。

④ note（ノート）は、自分からスキと告白！？

いいねを押すことが、noteでは「スキ」と言います。noteでスキを押
すと、メールでお知らせが届きます。ぜひ自分から他の人のnoteにスキ
をしましょう。noteの場合、自分が書いた記事につけたハッシュタグと
同じテーマの記事が、自分が書いた記事の下に表示されるので、記事を書
いてハッシュタグをつけたら記事下に表示された記事、そして自分のハッ
シュタグをクリックして表示される記事を読みにいってどんどんスキをし
ましょう。**記事に共感したらコメントを残すのもいいでしょう。**

自分が記事を書いて、記事下に出てきたり、ハッシュタグをクリックし
て新着に上がってくる記事は、自分と同じく更新されたばかりの記事です
から、アクティブにnoteを書いているユーザーです。同じハッシュタグ
をつけたり、同じテーマで書いている人なので共感ポイントもあります。

**同じテーマ、同じハッシュタグをつけている人にスキをする。自分が記
事をあげてすぐにこの活動をした後、しばらく時間をおいてスキをしても
いいし、このテーマ、ハッシュタグを変えれば、また違うユーザーに出会
えます。**noteにはしっかり文章を書くことを楽しんでいるユーザーが多く、
本のように小見出しをつけて一つのテーマを掘り下げて書いている人も多
いです。

**noteで多くのスキを集めやすい記事は、お役立ち要素がある記事、自
分だから書ける体験談です。**note はまだまだ奥が深く、極められていな
い人も多いので、note の便利な活用法や、フォロワーを伸ばした方法な
どお役立ち記事を書くのもいいですね。

⑤ Facebook（フェイスブック）は、投稿にバリエーションを！

交流を広げることに適した機能が豊富なFacebookは、しっかり
Facebook上で交流しないとアルゴリズム上で表示されにくい仕組みにも
なっています。つまり表示そのものがされないのでフォロワーを増やしづ

SNS別ハマるWEB文章術

らいということです。FacebookにはブログやInstagramなど、あらゆる
SNSの記事をシェアできますが、アメーバブログなど外部リンクは表示
されにくい仕様になっています。

　あなたの活動をシェアするのは自由ですが、あなたの投稿が表示されや
すい環境にするためには、外部リンクのシェアばかりではなく、Facebook
オリジナルのしっかり書いた記事も投稿しましょう。Facebookでフォロー
し合っている友だちとどこかに出かけた話は写真もあり、その人たちをタ
グづけしてしっかりエピソードも書けます。**人が写っていてタグづけされ
ている写真が数枚、文章もFacebookオリジナルでしっかり書けている。**
そんな記事はタグづけした人にお知らせが届き、写真やエピソードもあっ
て楽しいので、いいねやコメントをされやすくFacebookの仕様に好かれ
ます。

　Facebookならではの、カラフルな背景色で大きな文字で気軽につぶや
けるテキスト投稿も、共感、いいねしやすく見た目にも目先が変わるので
活用しましょう。わたしは自己啓発的な宣言や、自分オリジナルの名言、
原稿をこれだけ書きますという宣言に活用しています。あなたのキャラク
ターに合ったつぶやき用のコンテンツを持つといいですね。

⑥メールマガジン（メルマガ）は、先に与えよの精神で！

　**メールマガジンは、わざわざ登録しないと届かないSNSですので、とっ
ておきの情報を提供します！**　とご案内しましょう。オープンなSNSで
メールマガジンの購読を促す場合、SNSに書いた記事のさらに深い内容や、
特定の人物や出来事、オープンなSNSでは公開が制限される禁止キーワー
ドを含む内容や、自分自身が公開のSNSに書くには勇気がいるような内
容を、メルマガ読者だけに公開します、という**特別感のあるご案内や、
とっておきの動画やPDFのプレゼントなど、わざわざ購読する動機を促
しましょう。**

　**わたしは出版が決まる前からメルマガを発行していて、読者が10000人
を超え、出版オファーをいただきました。**それにつながる取り組みとして

行ったことがあります。一つは、メールマガジンのコンテンツとして本の企画書を勝手に作り、わたしたちは出版しますと宣言、だけどまだ出版社は決まっていません。興味のある出版社はこのメルマガに返信してくださいと書いたところ、翌朝、出版オファーが来ました。

もう一つは、**メルマガ発行者を応援する**ことです。メルマガの発行を始めたばかりの発行者を自分たちのメルマガで紹介します。発行されたばかりのメルマガは、2週間後に公式メルマガで紹介されることで登録が増えます。そうして増えてから自分たちのメルマガを紹介していただくのです。こういった取り組みを、自分たちと同じ恋愛ジャンルに限らず、ビジネス系メルマガとも行い、一度の紹介で700人以上の読者が増えたことがありました。

⑦ LINE公式アカウントは、価値ある限定コンテンツがキモ！

ブログの記事下にLINE公式アカウントへの案内を入れている人も多いですね。**QRコードですぐ登録できるので、メルマガ登録よりも気軽にできる印象があります。用途としてはメルマガと同じなのですが、LINEで届くこと、友だちからLINEが来たときのようにスマートフォンに通知が届くので、メルマガより反応が良い場合もあります。**

わたしは通常有料のお悩み相談をLINE公式アカウントに限り無料で回答しています。LINE公式アカウントの一吹き出しの文字数制限は500文字、一度に送れる吹き出しは3つまでなので、500文字以内で相談内容、アイキャッチ画像を1枚で配信、長くなる場合はブログで回答しています。その際はしっかりLINE公式アカウントへの案内をします。

LINE公式アカウントを登録してもらう一番の目玉は、わたしと1対1で悩み相談ができること。トークでいただいた相談に直接トークで回答する日を設けています。LINEのコンテンツがお悩み相談であり、LINEで届くという特性からか、サービスの案内をした場合の成約率が高いです。

あなたが有料で提供しているコンテンツがあれば、プレゼント企画などを絡めLINE登録の訴求を高めましょう。

SNS別構築方法

　各SNSの特徴を活かした、構築方法をご紹介しましょう。文章を書く、更新するだけではなく、盛り上がり続ける方法をレクチャーします。

① Twitter（ツイッター）は、トレンドと趣味を楽しむ

　チラシのように、あらゆる情報をシェアできます。全てのSNSをシェアして、自由にチラシをまきましょう。ただ、ブログ記事をシェアした場合はブログを読んでもらうことが目的ですから、リード文も一つのメソッドや興味をそそられるつぶやきにしましょう。

　Twitterの面白いところは、トレンドキーワードが表示されるところです。アーティストやアスリートの推しのことや、テレビやYouTube、話題のニュースなど、あなたが興味がある話題をどんどんつぶやきましょう。ちなみにわたしはTwitterでアーティストやアスリートのファン仲間ができたり、アーティストからフォローをもらったりリツイートで応援されたり、ファン仲間とライブに行くなどのリアルな活動につながっています。

　Twitterにはリストという機能があります。リストは特定の人のみに見せたいツイートをつぶやけます。リストは、あるテーマでTwitterユーザーをコミュニティのようにまとめることができる機能です。わたしもいくつか作りましたが、なかでも100日間ツイートを続けるというコミュニティで、リプライをして参加表明したら参加できる仕組みの#100日Twitterの会では、毎日つぶやく仲間を募集すると100人ほどが参加してくれました。

　Twitterで「ツイートアクティビティを表示」というところをクリックすると、インプレッションを見ることができます。インプレッションとはユーザーがTwitterでそのツイートを見た回数のことです。

② Instagram（インスタグラム）は、自己実現に最適

　Instagramは写真だけではなく、テキストをアップすることもできますが、個人的にとても有効だったのは、宣言して叶えるという目的でした。毎日の食事の写真と体重、BMIを公開し、年内に美容体重（細身で美しく見える目安となる体重）になりますと宣言したところ、宣言通り達成できました。

　今はオンラインサロンメンバーとのオフ会から生まれた#お金しかたまらないというテーマで、自分自身がお金しかたまらないとイメージできる写真と自己啓発的なメッセージを添え、ハッシュタグをつけて、その投稿を100まで続けたら本当にお金しか貯まらないのか、現在進行形で検証を楽しんでいます。

　ストーリーでは毎朝7時に外に出て空の写真を撮る、#ななそらという企画を100日間続けたり、コロナでSTAYHOMEのときに、自宅でその日の服装の全身写真を撮り、#おうちコーデ100日チャレンジと題し、毎日アップ、100日間続けました。**決めたテーマをInstagramに100回投稿する手法は、コンサルティングに来てくれた人も手作りマスクを100パターン投稿して数百枚売り上げたり、ストーリー投稿からファンができ、出版企画を書き上げた人もいます。**

　Instagramは動画やテキストも投稿できますが、**主役はアイキャッチとなる写真やバナーであり、「世界観を守りたくなる」という制限が、決めたことを叶えるのに効果的なのではないでしょうか。**

　世界観とビジュアルで訴える分野なので見ただけで伝わるコンテンツが強く、わたしの場合は洋服のリメイクや、おしゃれ、食事の盛りつけなどが印象に残るらしく、実際にお会いしたときにその話をされることがよくあります。あなたのキャラクターを印象づけるのにも効果的です。**スマートフォンから写真をアップすればなんとかなるメディアだからこそ、コンテンツ意識を持って世界観を作り上げると、無限の可能性があるメディアだと思います。**

◆ ③ブログは、定期的に活性化しよう

　ブログを盛り上げるには、コンスタントに楽しく記事を書くだけではなく、コミュニティ的な要素を取り入れ、メディアとして活性化させることが必要です。

　わたしは1月に100いいねを公開して、1年で100個の夢を叶える活動を毎年行っています。4月1日に夢を叶えるエイプリルフールブログイベントとして、夢が叶ったあなたの1日をブログに書いてくださいというイベントを行っています。7月7日は、WEB七夕まつりを行い、自分がフォロワーの書いてくれた七夕の願い事をブログで紹介し、ライブ配信で実際に短冊に書いて笹の葉につけるイベントを行っています。

　そういった季節の行事の他、ブログのフォロワー数や更新目標をコミットして仲間と一緒に叶える「ブログ力向上委員会」を運営、ときどきは近況報告をしています。わたしは、出版やメディア作りに関するコンサルティングやオンラインサロンも運営していますが、このコミュニティは一緒にブログで目標を達成したいと言ってくれた人が集まる非営利のコミュニティです。その他、ブログ初の非営利コミュニティといえば、ブログフォロワー10000人を目指すコミュニティ、チーム10000を始める予定です。

　全てに共通するのは、ブロガーそれぞれが、夢や目標をブログに書いてくれて、わたしがコミュニティのまとめ役として、みんなの夢や目標、100いいねの一覧記事を作ること、ブログ記事とリアルな活動、人のつながりが連動していることです。また、目標を宣言して叶えるわたしの行動パターンやパーソナリティーに合致した企画だということです。

　あなたがブログでのコミュニティ活動にチャレンジしようと思われるなら、ご自身がふだんブログの記事に書いている文章と乖離しないテーマを選んでください。

　文章を書くことはともすれば孤独な作業、だからこそリアルなつながりがあれば、書き続けるモチベーションになったり、ブログというコミュニティを運営し続ける原動力になります。

④ note（ノート）で、出版企画を温める

　noteには、**文章を書くことが好きな人、文章を読むのが好きな人が集まっています。**広告が入っていなかったり、フォロワーとのつながりよりも、発信テーマが合う人のつながりが構築される仕組みになっていたり、自分のテキストをテーマごとにマガジンの形でまとめたり、文章を有料で販売することもできるので、note を活かしたメディア構築法として、あなたの作品の出版企画室を作ることもできます。

　わたしの出版塾に参加し、100のキーワードを出して、100本のコンテンツを書き切った人たちは、みんな出版を叶えています。人気ライターになり、いつもたくさんのスキを集めていました。

　コンテンツがあり、周囲の動きに惑わされず、自分の作品作りに集中できる人は、どんどん100のキーワードを出して、note で新たなコンテンツを100個書いては、マガジンにして販売してニーズを確かめたり、出版企画書にまとめ、編集者にプレゼンテーションすればいいのではないでしょうか。わたし自身も、note では連載物のコンテンツを書きたいと思っています。**文章をしっかり読んでくれる人が集まっているので、ブログでは書かないような深く掘り下げた実験的なテキストを書いてみようなど創作意欲がかきたてられます。**あなたも note に書き下ろしの新作がいっぱいの、出版企画室を開いてみませんか？

⑤ Facebook（フェイスブック）では、積極的な受信も楽しむ

　Facebookは、等身大のコミュニケーションに向いたメディアです。発信のバリエーションも大切ですが、コメントしたり、いいねしたり、共感した投稿をシェアしたり、積極的に受信することも、Facebookが楽しくなり、アルゴリズム的にも、あなたの投稿が優遇される一助になります。

　全てのアクションがフォロワーにお知らせとして届くのですから、アクションを起こさなければ、あなたの存在を知らせるきっかけを一つ失うことになります。

　ずっと何も反応しないと、その結果、あなたの投稿もタイムラインに上

がらなくなるのです。

　いいね！　超いいね！　大切だね！　すごいね！　悲しいね！　などリアクションの種類が豊富で、そのアクションが相手にお知らせで通知されるので、コメントをもらったらリアクションしましょう。わたしは自分自身の気持ちも上がるので基本的に超いいねを押しています。もちろん、いいねではない投稿には、逆にお笑いのツッコミ的な感覚で、ひどいね！やウケるね！　を押すこともあります。

　たくさんのいいねをされたり、たくさんのコメントがついた記事は、アルゴリズム上、タイムラインの一番上に上がります。その場にいる感覚で、フォロワーと話をするように反応を楽しみましょう。

　しっかり文章を更新するブログやnote 、世界観のある写真やイメージをアップするInstagramでは投稿しないような文字通りのつぶやきや、ときには愚痴、泣き言も気軽に投稿できるのがFacebookのいいところ、個人的に**一番実生活に近いメディアではないかと思います**。ただし、愚痴や泣き言の投稿が活きるのは、ふだんしっかりしたコンテンツを投稿したり、人の投稿にいいねやコメントをしてアクティブに発信や受信をしていてこそ。ただのメンヘラちゃんではなく、等身大のあなたのキャラクターが愛すべき存在としてフォロワーに伝わるのです。

　なお、**等身大のメディアだからこそ、Facebookの投稿全部を通してあなたのパーソナリティーをどう見せるかを意識しておくこと**。わたしの場合なら、ポジティブでいつも何かにチャレンジしている、歩く自己啓発的な、やや熱苦しいキャラクターです。Facebookのあなたは、どんなキャラクターですか？

⑥メールマガジン（メルマガ）で、ビジネスの基本を学ぶ

　わたしは駆け出し時代に、メールマガジンから活動を始めました。当時メルマガを増やす活動をして、相互紹介というお互いのメルマガを紹介し合う方法、何人かの発行者とともにコラボコンテンツを配信しました。YouTubeのコラボに近い方法です。ただの紹介にならないように、**相互紹**

介の場合は相手の発行者のドキュメンタリー記事を発行し、コラボメルマガでは、それぞれの発行者のメルマガタイトルとコンテンツをミックスして、コラボだからこそ実現する限定メルマガとして同時配信しました。

　わたしはかつて、無料版メルマガの他に、有料版メルマガを発行していました。今でこそ、WEB 文章コンテンツを有料で販売する仕組みはポピュラーなものになりましたが、わたしが有料版メルマガの発行を始めた頃は、有料メルマガを購読していただくためには、かなりハードルを超えてもらう必要がありました。そのときにやっていた実践は、今も無料の発信から有料の発信に参加してもらうプロセスで使えるメソッドではないかなと思います。

　当時は、有料版メルマガを発行する権利を得るには、無料版メルマガを半年間発行し続けるコンテンツ力と継続力が求められました。まずはそれをクリアして、次のブロックは講読料です。たとえ500円であっても、どんなものかわからないものに、人はなかなかお金を払いたくないもの。そこで、無料のメルマガで有料版のメルマガの内容をそのまま発行して、このメルマガから有料版メルマガに登録してくれる人は、初月無料というサービスを行いました。さらには、プレミアム版を購読してくれたら、特別メルマガを無料でプレゼントする、プレプレ（プレミアムプレゼント）作戦を行いました。いかにメリットを感じてもらうか、それが必要だと思います。

Section 60

YouTubeなど、動画関連にも文章は必須

　YouTubeのコンテンツが面白いかどうかは、再生してみないとわかりません。そこで大切なのが、サムネイルのインパクトと、サムネイルに入れるテキスト、概要欄に書かれている動画のタイトルです。この**タイトルの部分も文章ですので、いかに動画を見たくなるかのコピーライティング能力が必要とされます。**

　一つ動画を見ると関連動画として、同じキーワードやハッシュタグがつけられている動画や、同じユーチューバーや同じコンテンツがアルゴリズム的に自然に表示される仕組みになっているので、多くの人が興味を持つキーワードも入れておくことが重要です。

　YouTubeのトレンドは、短いサイクルで移り変わります。2023年1月現在、無視できないのはショート動画、切り抜き動画の台頭です。YouTube業界が、多くの収入が得られる、自分でテレビ局を持てるようなものだと盛り上がった数年前は、しっかり編集して、見やすく、演者としては素人であるユーチューバーのコンテンツもよく見えるようにしっかり作りこんだ動画が再生数を集めました。

　しかしコロナ禍の影響で、芸能人ユーチューバーやYouTubeを始める人が爆発的に増えたことやTicTok、ショート動画の台頭により、動画の傾向に変化が出ています。YouTubeでも縦型のショート動画が盛んになり、一つの人気ジャンルとなりました。YouTubeの動画が、切り抜き動画を作りやすい素材として作られるようになったからです。その場合は編集に凝るよりも、ライブ配信で良いところを文字通り切り抜くことに適した動画が作られるようになったのです。

　ショート動画が再生を集めるのは、コンテンツの質のみならず、表示される仕組みにも大きな原因があります。一度見ると、その動画が繰り返し

再生されるので何度も再生が回ること。また、スクロールすると次々新しい動画が流れてくる仕組みになっているのです。

　この状況でYouTubeを始める、さらに文章力のメソッドを生かすなら、しっかり台本を作り、3分に1回は切り抜きたくなる内容を1分くらい話す濃いコンテンツ動画を作ることだと思います。

　切り抜き側に回る場合は、タイトル力、テロップ力です。見たくなる興味をソソられるタイトルをつけましょう。切り抜き動画をクリックしたときに、なぜその動画に興味を持ったのか、自分の心の動きをチェックして、テロップ力を高めましょう。また、世の中で事件があった場合は、その関連の動画を多くの人が見るので、その話題にちなんだ切り抜き動画を作ることで、関連動画としてオススメに表示される可能性がありますから、世の中の動きに敏感であることも必要とされます。

Section 61

メルマガと LINE公式アカウントの違い

　「登録して読む」という共通点があることから、この2つは比較されることが多いです。それぞれの違いを知っておきましょう。

▼ ＜LINE公式アカウント　←→　メールマガジン＞

- 短文　←→　長文
- 写真あり　←→　基本なし（スタンドによっては使えることも）
- 機能が盛りだくさん　←→　使い方が簡単
- 絶対届く　←→　届かないこともある
- 乗り換えができない　←→　乗り換え可能

　LINE公式アカウントとメールマガジン、それぞれのメリット、デメリットも知っておきましょう。

▼ ＜メルマガのメリット＞

- 長文が書ける
- 好きな配信スタンドを選べ、使い勝手が良くないと思えば乗り換え可能
- メールアドレスさえあれば、登録してもらえる
- 使い方が簡単

▼ ＜LINE公式アカウントのメリット＞

- 写真を添付できる

- クーポンやスタンプカード、リッチメッセージなどの機能が使える
- QRコードなどで、登録してもらうのが簡単
- 100％届く

＜メルマガのデメリット＞

- 基本、文字だけ。写真添付などはHTMLメルマガで配信をする必要がある
- 登録の際にメールアドレスを入力しなければならない
- スパム扱いを受けると届かなくなる

＜LINE公式アカウントのデメリット＞

- LINEの仕様変更などで使いにくくなったとしても、乗り換え不可
- 相手がLINEをしていないと登録してもらえない
- 簡単にブロックされる
- 短文しか書けないし、長文は読まれにくい

　LINE公式アカウントとメールマガジンで、どちらかを使いたいと考えている人は、あなたが発信したいことはなんなのか、そこをよく考えて選ぶようにしてください。SNSはどれを取っても完璧なんてことはないので、あなたのお客様となる人にとって、どちらが良いかを考えることが大切です。

【ワーク1】
183ページの藤沢あゆみのメディア相関図が事例としてありますが、今あなたが利用している SNS のメディア相関図を作成してみてください。新たに増やしてみようと思っている SNS を追加して作成してみるのも良いと思います。

【ワーク2】
メディア相関図を作成してみて、見えてきたことや気づいたことを書き出してみてください。

Chapter 9

WEB文章で
あなたの財産を
築くために

WEB文章の成長で、
あなたの価値が上がる

　Chapter8まで、WEB文章のあり方、具体的な書き方など、たくさん書いてきました。どのSNSで書いていくのか、目的を決めてから進めていただきたいと思います。改めて、著者2人が真剣に考えていることは、WEB上で文章を書いていくことが、あなたの人生の大きな財産になるということです。それぞれの経験、本当に起こったことも書いてきました。それは、誰の身にも起こることだと知ってください。この最後のChapter9では、あなたがWEB文章を使って財産を築くために必要なことをお伝えします。

　わたしは、恋愛相談掲示板で回答し始めたのをきっかけに、個人で恋愛サイトを開き、メールマガジンの発行者になり、ブロガーになり、作家になりました。

　振り返れば、**WEB文章を書くことでだんだん活動の場が広がり、それに比例して、より多くの人に文章を読んでいただくようになりました。**

　現在運営しているアメーバブログは、2009年3月から始めました。もう14年目になりますので、開いた頃のブログを見ると、今のブログのほうがかなり成長しているなと感じます。特に成長が感じられるのは2012年に初めて書いた、コンサルティングの案内ページと、現在のコンサルティングの案内ページです。わたしの文章の本質的なところは変わっていませんが、我ながら、わかりやすくムダがない文章が書けるようになったと思います。

　ブログの面白いところは、最初の未熟な記事がそのまま残っていること。

それって、マイナスなんじゃないの？　と思うでしょうか。恥ずかしい黒歴史だから消し去りたいと思いますか？　いえいえ、そんなことはありません。**未熟なところが残っているからこそ、成長のあとが見られるのです。**

未熟な自分から自信をもらおう

　特に、自分の文章が未熟だと感じるときに、初めて書いたブログを見てみることをオススメします。**今の自分は文章下手だと思っていても、初めてのブログから見たらめちゃくちゃ成長していると実感しますよ。**きっと、書き続けてきたこと、今の自分に自信が戻ってくるはずです。

　あなたの文章力がアップした分だけ、あなた自身が成長し、フォロワーも増え、お申し込みにもつながっていきます。それはあなたの成長ストーリーそのものであり、リアルタイムであなたの価値が上がっているコンテンツなのです。

　それは**書き続けないと得られない、誰にも奪えない、あなただけの資産。**ときには、自分が初めて書いたブログを、今のあなたのブログ記事で紹介してみてはいかがでしょうか。コンテンツとして面白いですし、あなたにもこんなときがあったのかと、読む人に勇気を与えるかもしれません。**自信は、他人からもらうものではなく、過去の自分から受け取るもの。**あなたの価値は、あなたの書き続けた文章が上げ続けてくれるのです。

WEB文章で、いくらでも
人間関係を築ける

　よく言われることですね。**インターネット（パソコンやスマートフォン）の向こうには人がいるんだよ**、と。当たり前のことなのに、いつしか**忘れていることがありませんか？　文章には、人柄が出ます。考えていることも透けて見えます**。どんなにかしこまった綺麗な文章を書いていたとしても、残念ながら上辺だけの文章では人の心を打つことはできません。

　あなたが誰かのブログやSNSの投稿を読んだときに、「この人、素敵だな。何をしている人だろう？」と興味を持ったり、「会ってみたいな」と感じたことはありませんか？　それが文章の力です。あなたが書く文章で、あなたに興味を持ってもらえたり、会いたいと言われたらうれしいですよね。それが、本当に起こるのです。

WEB文章から紹介される流れを作れた話

　少し、わたし（戸田）の経験をお伝えします。2009年3月にアメブロを始めて、毎日更新を始めたのが7月、初めて仕事の依頼があったのが9月です。初仕事の依頼は、セミナーレポートを作る仕事で、報酬は5,000円でした。今思えば金額としては安かったですが、ブログからの初仕事でうれしい気持ちのほうが勝っていましたね。

　その後はホームページ内の文章執筆、会社案内、パンフレット、小冊子、ブログ記事代行、告知記事やプロフィールの作成など、そして書籍執筆などの依頼も来るようになりました。

　依頼の最初のメッセージは、どれも「信頼できそうだと思ったので」という言葉でした。逆に考えれば、会ったことのない人に仕事を依頼するには勇気がいるし、慎重になりますよね。その**ハードルを超えて依頼して**くださったのは、ブログがあってこそ。「**ブログは財産だ**」と心から感じま

した。

　2012年3月には初出版を果たし、その後はセミナー依頼が増え、ブログ勉強会、ライター養成講座なども開催するように。コンサルティングの依頼も来るようになり、企業からの仕事も増えました。ありがたいことに、ブックライターの仕事もコンサルティングも、ずっと継続的に依頼があります。

　これらは全て、WEB文章がきっかけ。もちろん紹介もありますが、**紹介文句は、「『戸田美紀　ブログ』で探せば、どんな人かすぐにわかるよ」**だそうです。

WEB文章で、あなたを見つけてもらおう

　ブログやSNSを始めた頃は、記事もフォロワーも少ないですから、誰もあなたの存在を知りません。それは広い海のなかで1人、プカプカ浮いているようなもの。空から見ても、見つけてもらうことはできません。

　これが**少しずつ記事が増え、フォロワーが増えてくると、ブログやSNSの存在自体が大きくなってきて、空から見ると島を見つけてもらえるように、ブログやSNSのことも見つけてもらえるようになってきます。**

　続ければ続けるほど島は大きくなってきて、目視でも見つかるようになるし、自分が知らない間に人に紹介されていることも。そうなると、検索をして島を探して訪れる人も出てきます。こうなればしめたもの。島には様々な財産が増えてきて、潤っていきます。

　大切なのは、誰かに見つけてもらえるまで、自分1人でブログやSNSをがんばって育てることに耐えられるかということ。人って、孤独には耐えられないんですよね。何かしら反応がないと、続けられないんです。だからこそ、自分からWEB文章でつながっていきましょう。

- 自分からフォローする
- 気になる人のSNSを追いかける
- 何かしら応援できることがあればする
- コメントをする
- 会いに行ける人には会いに行く

など、**何もしなければ何も受けとることはできないですが、行動すれば何かが変わります。**できることからしていきましょう。SNSやブログからの出会いで、大きく人生が変わった人はたくさんいます。人生は、出会いが全てだと思いませんか？　あなたの書く文章で、人を惹きつけたり仕事を引き寄せたりもできます。WEB文章でご縁を広げ、大きく人間関係を広げていきましょう。

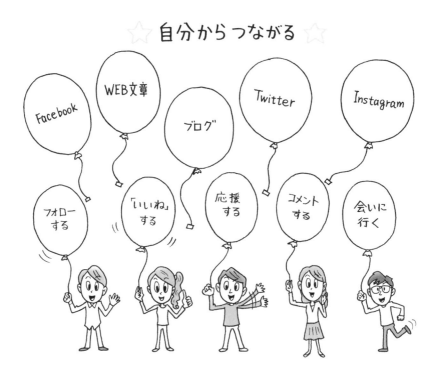

炎上しない、させない、してもOK！
なマインド＆ネット体制を作る

あなたは、炎上が怖いですか？ WEB恋愛相談に回答し始めた頃、わたしは定期的に炎上していました。特に喧嘩をするわけではないのに、自分のコメントをきっかけに荒れ始めるのです。なぜそんなに荒れていたのか、今振り返ると自分にも理由がありました。

お悩み相談サイトで目立って、他の人とは一味違う回答をすると思ってほしかったわたしは、あえてちょっと心が波立つような表現を選び、振り切った回答をしていました。たまたま、回答をした相手からはクレームもなく喜ばれていましたが、わたしの回答を読んだ人のなかには、嫌な気分になる人もいて、その気持ちをコメントに乗せるため、そのコメントを読んだ人に突っ込まれてもめごとが頻繁に起こっていたのです。

わたしの炎上体験

2003年、初出版が決まったことで、恋愛サイトで仲間だった人のなかからステップアップしたため、反発が起こりました。

2001年にメールマガジンの発行を始めた恋愛ライター集団で、わたしはリーダーになりました。当時出版はまだしていなかったのですが、プロになりたかったので自分なりにいくつかのルールを決めました。メンバーからすれば、実績は横一線なのに、上から目線に感じる稚拙な伝え方だったのでしょう。ダメリーダーのわたしと、メンバーの間で食い違いが起こり、一緒にメールマガジンを発行している仲間のはずなのに、グループ内で炎上したこともありました。

わたしは出版するまでに炎上やバッシングを経験したので、出版してAmazonのレビューが低くても気になりません。何より好評も不評も意見に過ぎないのに、不評を大きく感じてしまうからショックを受けるのです。

叩かれるのが怖い、否定されるのが怖いという人は、誰がどんな風に叩いてくるのか、否定されるのか、そのときの自分はどんな被害を受けるのか、明確にイメージしてください。**起こってもいないことを怖がっている妄想であることも多々あります。**

　わたしは、**そもそも絶賛だけされようなんておこがましいと思っています。意見を言うのは自由です。**そう考えると、不評ばかりということは意外とないことに気づくかもしれません。

まずは炎上する理由を知ろう

　そうは言っても、できるだけ炎上しないほうがいいですよね。炎上させないためにはどうしたらいいでしょうか。自分が何もアクションを起こしていないのに炎上するケースもありますが、**自分自身や世の中の炎上を見ていると、多くの場合は炎上を食らうほうが先に種をまいています。**その種とは、人の心が波立つ言葉を使って目立とうとか、ニュースとして取り上げられようといった、おいしい思いをしたい、というこちらのしたたかさが炎上という現象を引き起こすのです。

　意識して、人を傷つけようとしての炎上ではなく、思いがけない炎上なら、自分を責めすぎる必要はありません、ただ自分にはわからないけど、自分も種をまいたのかもと受け入れてください。**発信をする以上は炎上することもあると、まずは覚悟しましょう。**

　そして、もう一つ心得ておいてほしいのが、人は動きたいように動くということです。**自分が何を発信するのも自由なら、自分の発信を人がどう感じ、どう受け取り、そのことについてどう発信するかもまた、自由なのです。自分の思い通りに受け取ってほしいと、心のなかで人の発信を制限しているからこそ自分の意図とは違う炎上に傷つくのですが、**もしもあなたが望まない炎上に傷ついてしまったときは、こんなことを考えてみてください。

炎上させるほうも、傷ついているかもしれない

　あなたの振り切った発言に拒否反応を示して炎上させる人は、その人の人生のなかで出会った、家族だったり、友だちだったり、先生だったり、

誰かに同じようなことを言われて傷ついたことがあるのかもしれません。あなたがただ幸せな時間をInstagramに投稿しただけで、「自慢乙Ｗ」と書いてくる人は、恋人と別れたばかりで寂しかったり、家族の縁に恵まれなかったり、会社の人間関係がうまくいっていなかったり、今が幸せではないのかもしれません。

　要は満たされている人は、他人を叩くことにエネルギーを割く時間も、そんな考えにも至りません。叩かれる渦中にいるときは、相手が強く巨大な敵に感じますが、その中身は弱く傷ついている人なのです、弱い犬ほど良く吠えるという言葉を思い出しましょう。炎上させるほうにも事情があるのだ、そのことを忘れないでください。

　もう一つの炎上パターンは、燃えているところに便乗する人が集まって燃え広がるパターンです。その場合は、乗ってくる人はそんなに深く考えていません。火をつけるほうが何も考えていないのに、人格を否定されたかのように落ち込むのはバカバカしいですよね。いじめられたほうは一生忘れないのに、いじめたほうはたいして何も思っていないというアレです。

炎上は望んでもできない貴重な体験

　では、不本意に炎上してしまったときは、どんな対処をするのか。燃え盛っているときに何を言っても火に油を注ぐだけ、人の噂も四十九日という言葉があります。**できれば炎上させている相手や、そこにむらがる人たちがその話題に飽きるまで放っておきましょう。**そうして、沈静化してから炎上した当時の投稿などを冷静に見直してみてください。

　冷静に見ると、これがきっかけだったのかとか、自分にも原因があったことがわかります。今後防げることはしないようにして、次の教訓に変えましょう。そうです、望んで炎上することはできないのですから、貴重な経験をおおいに活用したいものです。

　いかがでしょうか。**炎上を恐れて発信できなくなるのはもったいないこと。炎上させてしまうほど人の心を動かすことができる人は、それだけの発信力があるということです。好きと嫌いは隣にあって、似ていないのは無関心。**自分の伝える力を信じて、のびのび発信し続けてくださいね。

書けないことを恐れない、そんな日があってもだいじょうぶ

　「ブログを書きたいけど、どうしても書けない日があるんです。どうしたらコンスタントにブログが書けるのでしょうか？」そんな相談をよく受けます。

　わたしは毎日何かしら文章を書いています。1文字も書かない日はないと言っていいでしょう。

　「ということは、あゆみさんには書けない日が1日もないんですか？」

　正確には、書けるけど、書けない。わかりやすく言うと、作業として書くことはできるけど、冴えない文章しか書けない日はもちろんあるということです。相談してくる人が「書けない」という状態が、わたしにとっては「書けるけど、冴えない文章しか書けない」なのです。

　実は、**わたしに書けない日がないのは、冴えない文章しか書けない日もあることを受け入れているからです。**これは筋トレのようなもので、思い切りトレーニングできない日も、軽く体を動かすことだけはしておく、ということです。

　この辺り、共著の美紀さんは、ブログを1年間、1日も休まず書いていますが、わたしは油断するとカスタネットのように、書いて休んで休んで休んでしまうナマケモノです。特に、本書の締め切りが迫り、2人が毎日、脅威のスピードで原稿を書いている2023年1月現在、美紀さんはその間も毎日コンスタントにブログを書いていますが、わたしは本の原稿に集中すると、ブログがカスタネットになってしまうという状況を、今まさに露呈しています。

　それでも、わたしが必ずやっているのは、ブログまでとはいかないけど、**Facebookに原稿の進捗状況を書く**という、**外への発信を必ずすること**です。コンテンツとして臨場感があるし、書籍への興味を持っていただくと

いう、胡蝶蘭の法則に従い、出版までのストーリーを発信しているわけです。ちゃんとしたブログを書いたほうが質の高いコンテンツになりますが、**リアルタイムのバタバタ感は、今書くからこそ伝わります。**今、最終のChapter9、あと少し！　原稿を脱稿したら、当時を振り返って出版の裏側ブログを書けばいい。はい、そこまで計算しています。

書けない日にオススメの過ごし方は？

　書けない日もあっていいんです。わたしはもう歯磨きレベルで文章を書くことが身についていて、書かないと気持ち悪いレベルになっていて、文章が書けないことと、気持ちを切り分けられますが、普通に考えれば好不調の日があって当然。

　書けない日は、リフレッシュだと思って、書けないときは書こうともしないでいましょう。書かない日もあってこそ、書くことを楽しみ続けられるのです。あるいは、筋トレや歯磨きのようなものだと思って、素晴らしい文章じゃなくてもいいので1文字でも書く。どちらもいいと思います。

　1文字でも書きたいあなたにオススメしたいのは、人のSNSにいいねするとか、スマートフォンやパソコンのファイルを整理するなど、負担がかからない程度にWEBに触れることです。いいねしているうちにコメントしたくなったり、ファイルを整理しているうちに懐かしい写真を見つけてブログを書きたくなるかもしれません。ですが、もちろん書けないなら書けないままでかまいません。書く気を出すためにWEBに触れるのではなく、スポーツ選手がオフの日にウォーミングアップだけはしておくようなことです。

　大切なのは、書けないときどうするか、しっくり来るルールを決め、決めたら自分を責めないこと。どんなに美味しいものでも、毎日同じものを食べると飽きますよね。書けない日を受け入れてこそ、文章を長く書き続けられるのですから。

WEB文章は、あなたの可能性を無限に広げる

　ここまで読んでいただいて、WEB文章の可能性を感じてもらえたでしょうか。**生きているなかで、文章に触れないことは決してないと思います。その文章を自分の思い通りに書けるようになったら？　世界はどんな風に変わるでしょうか。**

　文章は誰でも書けるもの。小学生になったら、ひらがなから始まり、カタカナ、漢字を覚え、教科書を読み、作文を書くようになります。大学生になれば論文を書き、大人になれば、会社で提案書や報告書を書くことも。人生のどんなシーンでも、文章はそばにあるものです。

　現代はインターネットが発達し、文字、画像、動画等で、自分の伝えたいことを様々なツールで伝えられる時代になりました。文章が上で画像が下、動画が上で、文章が下、なんてことはありません。どれも必要なツールです。**あなたにとって何が必要で、何が合っているかを見極めて使うようにしてください。どれも、あなたの可能性を広げるものには違いがありませんから。**

　キーワード出しから始めてもらってもかまいません。たくさんのSNSをリサーチして、自分に何が合うか探すことからスタートしてもいいでしょう。**WEB文章のポイントはたくさん書いたので、できることから始めてください。**

　著者2人と関わってくれた人たちは、みなさん「SNSやブログは、夢を叶えるツール」だと話してくださいます。わたしたちも、本当にそうだと心から思っています。**途中で諦めずに、長い目で見ることができれば、最強のツールであり財産でしょう。**

　起業したい人も、インターネットを使った仕事がしたい人も、物販がし

たい人も、出版したい人も、自分の作品を売りたい人も、どんなことも WEB文章で叶います。人も仕事も夢も、諦めなければ必ず思った通りになります。「ダメかも」「無理かも」と思えばその通りにもなります。**自分の可能性も、SNSやブログの可能性も、WEB文章の可能性も、決して諦めないでくださいね。**あなたの望むものを引き寄せ、手に入れてください。

　著者であるわたしたち、あゆみさんは作家として、戸田はライターとして、毎日文章を書いています。WEB文章の可能性や、SNSやブログの無限の可能性を知っているわたしたちですから、そのたくさんの恩恵を伝えたいと、2022年の1月に、2人で「あゆみき出版メディア相談室」というオンラインサロンをスタートさせました。自分のメディア（SNSやブログ）を育てたい方、いつかは出版したいと考えている方が集まってくださっています。実際に、サロンメンバーが続々と出版し、メディアを通じて多くの実績を出される方も増えてきました。

　どうか、あなたもわたしたちの仲間になってください。**SNSやブログを育てたり、文章力をUPさせるために、孤独に動く必要はありません。仲間とともに成長することで、あなたの可能性も大きく開花します。**
　ぜひ、わたしたちに、あなたの応援をさせてくださいね。

　最後まで読んでいただき、本当にありがとうございました。巻末には、あなたが文章を継続して書けるようになるための「継続メソッド」を書いています。もしあなたが書くネタに困ったときは、継続メソッドからヒントを受け取ってSNSやブログを投稿してください。あなたのメディアが財産となり、可能性が広がることを願っています。

魅力がないひとはいない　自分が最大に魅力的になる

出版

1年4冊チャレンジ

・WEB文章術・ひとり
を愛する力・自分に
OK

ブログ

文章力　日常　等身大

・日常のこと・前向き・自己啓
発・コンサル・サロンご案内・
出版元ネタ・新企画・お悩
み

Clubhouse

トーク　ドキュメンタリー

・出版応援・コンテンツ・
ゲストトーク

あゆみきクラブ

出版　ゲストトーク

Facebook

Life　日常　自己啓発

・日常・コミュニティーと連動・
つぶやき・スタイルアップ・リ
アルタイム・出版の裏側・
ライブ配信

藤沢あゆみ

藤沢あゆみ
クラブ

独自コンテンツ
人生ストーリー

スタイルアップ

自己実現　目標達成

Twitter

自己啓発　出版ネタ

・スタイルアップ・ファイター
ズ応援・乗り切る力・シェ
ア・おとな恋愛・つなが
り

LINE

相談　つながり
無料のサービス

・おなやみ相談・1
対1トーク

100いいね

ライフワーク

・WS・手帳・いいね
くんグッズ

100いいね
実践PJ

自己実現
コンサルティング

Instagram

自己啓発　感性

・スタイルアップ・日常・ス
トーリーズで自己啓発・
おしゃれ・料理

コンサルティング

ミドル・高額サービス

・制限ゼロ会議・30分トー
ク・出版・メディア・恋愛・
仕事・年間

メルマガ

日記　手紙

・ルーツ・昔からの読
者さん・恋愛

あゆみき
オンラインサロン

仲間　つながり　実践

・ZOOM勉強会・オンライン
／オフラインオフ会・出
版実現・応援

エピローグ

　お読みいただきましてありがとうございました。WEB で文章を書き続けて 20 年超になりますが、文章について本を書くのはこの本が初めて。**書き始めたら、自分でも驚くくらい、メソッドがあふれ出し、夢中で書きあげていました。**

　わたしには何もありませんでした。WEBで文章を書いて人を癒すことで自分が癒され、ありがとうと言われ、ありがとうと言っていました。本を何冊も書き、20 年 1 日も休まず WEB で文章を書き続ける、未来が待っていたなんて今でも夢のようです。

　振り返れば小学生のとき、日記を書いて褒められたとか、締めの言葉に感動させる一言が欲しいと考える、文章好きな子供だったなと思い出しますが、大人になったわたしは、デザイナーになりました。それでも気がつくと、文章の世界に運ばれていました。**この本を手に取ってくれたあなたも、人生のどこかで、書くことが好きだった時間があるのではないでしょうか?**

　今は忘れていても、書き始めたらきっと楽しくなってくるはずです。

　文章が書けると、出版できたり、物やサービスが売れたりと、仕事につながりますが、この本では何よりも、あなたに書くことの楽しさを実感してほしい、これまでも書いてきたあなたは、もっと文章が好きになり、文章で夢や目標を叶えてほしい、そんな思いでこの本を書きました。

　わたしたちは書くことで人生が変わりました。**これから WEB 文章術を身につけようとしているあなたにも、今の自分には思いもしない未来が待っていると思います。それを楽しみにしていてほしい。**

　わたしもこれからまだまだ WEB で文章を書き続けます。その先には、今の自分にはまだ見えていない無限の可能性が広がっていると確信しています。あなたにもそんな未来が待っていることを願って。

藤沢あゆみ

共著者である藤沢あゆみさんと出会ったのは、2010年。アメーバブログがきっかけで、アメブロガーのオフ会が初対面でした。すでにベストセラー作家だったあゆみさんにお会いできて、とてもうれしかったことは言うまでもありません。

　その後、あゆみさんの出版時にキャンペーンの応援をさせていただいたり、講演会にライターとしてお手伝いに行ったり、交流を続けてきました。2022年にあゆみさんが8年ぶりに出版され、わたしのClubhouseのゲストに来ていただいて販売のお手伝いをすることに。そこで、この本の編集担当である中尾淳さんとも再会し、一気に様々なことが動き出しました。

　そうです。**これがSNSの力です。**ブログがなかったら、**知り合うことはありませんでした。**Facebookがなかったら、**気軽にメッセージを送ることはできませんでした。**Clubhouseがなかったら、**出版を応援できる機会をもらえませんでした。**全てがつながって、あゆみさんとオンラインサロンを作り、そして出版というチャンスを得ました。どれか一つでも欠けていたら、この流れは実現できていません。

　どうか、SNSのどれか一つでもいいので、あなたの思いや知識、経験を発信すると決めて、続けてください。著者のわたしたちがそうだったように、あなたにも続けた先にある、予想もしていなかった景色を、ぜひ見てくださいね。WEB文章を書き始めて20年。ここから先の未来が、まだまだ楽しみでなりません。ともに成長できる仲間と、もっともっと面白い世界を見ていこうと思います。

　この本の執筆にあたって、たくさんの方々に応援をいただきました。まずはオンラインサロンメンバー、Clubhouseの仲間たち、クライアントのみなさん、そして大切な大切な家族。信頼して見守ってくださった、編集担当の中尾淳さん。みなさんの応援が本当に心強かったです。そして何より、藤沢あゆみさんとの執筆の時間は、学びとともに宝物の時間になりました。

　わたしたち2人の20年超の経験が、あなたの未来に役立ちますように。SNSを通じて、いつかあなたとお会いできますように。

戸田美紀

継続メソッド31

この本は「継続」で始まり、「継続」で終わるイメージで書きました。WEB文章を書くために、継続して書き続けるために、著者2人が実際にやってきたことを紹介しているので、参考にしていただけたらうれしいです。

01 シリーズ化する

一つのキーワードから、多くのキーワードを出す方法をお伝えしました。そのキーワードから記事を増やしていくことができれば、シリーズ記事にすることができます。検索にも引っかかりやすくなるので、挑戦してください。

02 投稿時間を決める

SNSに投稿することを習慣にするために、投稿時間を決めてみましょう。それぞれのSNSによって、見てもらいやすい時間帯があります。そこに習ってもいいですし、もちろん自分の都合の良い時間帯でもOKです。

03 書く時間を決める

書くことを習慣にできると、これほど強いことはありません。朝型、夜型、日々のスキマ時間など、あなたにとって都合の良い時間でかまいませんので、時間を決めて書くようにしましょう。

04 書く場所を意識して変えてみる

文章を書く場所を決めたことがありますか？　家のなかでも、リビングで書く、自室で書くなど、場所を変えて書いてみてください。たまにはカフェで書いたり、図書館で書いたりと、気分が変わるとスイスイ書けることもありますよ。

05 書く対象（レギュラーメンバー）を決める

文章とは手紙です。誰に向けて書くか明確になると、書いていて楽しく、伝わりやすくなります。文章を書き始める前に、この記事は誰に、次の記事は誰にと、1記事1ターゲット、書く対象を決めてから書いてください。

06. 写真を撮るクセをつける

　WEB文章を書くときは、同時に写真もアップします。わたしは写真を撮る段階で、どんな記事にどのように載せるかイメージしています。書く気にならないときも、いい写真が撮れたら、文章が浮かんでくるかもしれません。

07. コミュニティ化する

　自分の意志だけで文章を書き続けようとすると、くじけることがありますが、仲間ができれば励みになり、みんなも書いているから書けると思えることがあります。コミュニティを作ることは、書き続けるためにも有効です。

08. プロジェクトにする

　夢や目標にプロジェクト名をつけて、実現までの過程を発信しましょう。それによって、読む人が興味を持ち続けてくれるだけでなく、自分も挫折せず達成へのモチベーションが上がり、継続するための大きな力になります。

09. 年間行事をネタにする

　子供がいる人なら、必ずある年間行事がありますよね。遠足、運動会、発表会、入学式、卒業式など。それらは全てネタになります。また大人でも、お酒の好きな人ならワインのボジョレーヌーボーなど、いろいろ出てくるはずです。

10. 季節ネタを拾う

　お正月、エイプリルフール、七夕など季節の行事にちなんだネタもSNSに発信しましょう。夢や願い事を書いたり、四季折々の季節を感じる写真を添えて、文章を書く習慣をつけると、一年中、途絶えることなく発信を継続できます。

11. ながら書きをする

　常に机に向かって書く必要はありません。電車に乗っている移動時間、洗濯機を回しているとき、何かの待ち時間、スキマ時間は見つけられるはず。10分で書いてしまおう！と思えば、集中して書けるかもしれません。

12. 趣味ネタを書く

　趣味のネタを発信すると、あなたのキャラクターが伝わり、ファンになってくれる人が現れ、文章を読んでくれるきっかけになります。何より、趣味ネタをプラスすることで、あなたが発信を楽しみながら続けられることにつながります。

好きな人（ファン）推しがいるなら、そのことを書く

推しがいれば、その人について文章を書いてSNSに発信しましょう。トレンドに乗ったり、思わぬ仕事や仲間ができたり、本人が読んでリツイートやいいねしてくれる奇跡が起こることもあり、発信し続けられるモチベーションにもなります。

自分のチャレンジを書く

叶えたい夢があれば、いつまでにどんな結果を得たいかSNSで宣言して、夢実現までのプロセスを報告する投稿をしましょう。周りの人にも応援され、有言実行できて、文章を書くことを挫折せず続けられるモチベーションにもなります。

誰かの応援をする

人の応援をすると、応援する相手にも喜んでもらえるし、応援しているあなたにも興味と好印象を持って、文章を読んでくれる人が増えるという良いサイクルができます。応援したい人がたくさんいると、書くことが途絶えません。

自分の気持ち（喜怒哀楽）を書く

SNSやブログは自分の城ですから、自分の思いや考え、感情をそのまま書いていくのもOKです。書くことは癒やしにもなり、感情の整理もできます。あなたの思いを知ってもらうことで、ファンも増えます。

自分自身のことを書く（自己開示）

SNSやブログで自身のブランディングをしたい人は、自分自身のこともどんどん書いていきましょう。自身の経験、なんなら幼少期までさかのぼって書いてもかまいません。どこかであなたの経験に惹かれる人がいます。

検証をする

せっかく文章を書くなら、効果的な発信を検証しましょう。こんな記事を書いて、こんな時間帯にアップすればどれだけアクセスが集まるだろうかと。検証したいことがたくさんあれば、文章を書き続けるモチベーションにもつながります。

読んだ本の感想を書く

書評は、どのSNSでも読まれるネタです。ブログに書くことがないときなどは、格好のネタになりますね。自身の備忘録にもなりますから、読んで良かった本や、具体的な感想など、書くようにしましょう。

20. その日の「ありがとう」を書く

「毎日ありがとう」と言えることを見つけて、SNSにアップしましょう。実社会でもいいことが起こり、気分もよくなり、1年間続けられたら人生がかなり好転します。決まったコンテンツを作ると、文章を書き続けることができます。

21. 下書き記事を増やす

これは絶対にやっておいたほうがいいです。書けるときに書いておくことで、本当に書けないときに投稿することができますし、予約投稿にも使えます。心の余裕も生まれるので、時間を見つけて下書きを増やすようにしましょう。

22. SNS仲間を増やす

自分一人で継続しようとするとくじけそうになるかもしれませんが、仲間を作って一緒に取り組むことで、励まし合いながら続けることができます。書き続けることで叶う共通の夢や目標を持つと、お互いの存在が、継続の原動力になります。

23. 時事ネタを拾う

時事ネタで語れそうなテーマなら文章に書きましょう。時事ネタは毎日発生しますのでネタ切れせず、興味を持たれていることなので、多くの人に読んでもらえるチャンスになります。あなたの専門分野を絡めることも忘れないでください。

24. ゲーム感覚で数字の目標を立てる

続けることで必ず叶う数値目標を立てると、モチベーションが上がり、叶える力になります。数字の目標を立てると、クリアしていくゲーム感覚で始めることができます。継続が苦手なあなたは少し先の数値目標を立ててください。

25. SNSを通じて知り合った人に会いに行く

人脈づくりのためには、「会いたい人に会いに行く」ことから始めましょう。実際に会えない距離だとしても、今はオンラインで顔を見て話すことができます。そういうチャンスが訪れたときは、逃さないようにしてください。

26. いつもと違う行動をしたことを記事にする

旅に出た、初めて食べた料理、好きな人に会えた、セミナーに参加したなど、それらも全てネタですから、書いて残しておきましょう。いつもとは違う行動からの気づきもあるでしょうし、備忘録にもなります。

専門分野を持つ

あなたが専門的な、何か語りたいことがあれば、その分野で100個のキーワードを出し、目次を作りSNSで100個連載してみてください。それは誰かの役に立って喜ばれますし、コンテンツがあればブログのネタに困りません。それが専門家になる第一歩です。

人やモノの紹介をする

気になる人やモノを見つけたらSNSで紹介しましょう。何か一つ得意ジャンルを決めて、紹介していくコンテンツを確立すれば、発信を継続できて、フォロワーさんがあなたの情報を信頼し、楽しみにするようになります。

続けた先の未来を妄想する

あなたが文章を書き始めたら、少し先の未来を妄想してみてください。わたしも書き続けることで良いことがありました。これからも書き続けることで、さらに大きな、良いことしか起こらないと確信しています。

ご褒美を決める

がんばったご褒美は、みんな欲しいもの。3ヶ月続いたら、こんなご褒美。半年続いたら、こんなご褒美。1年続いたら、こんなご褒美。うれしいものは人それぞれだと思いますが、あなたが喜ぶご褒美を設定してください。

続けると決める

「続ける」と決めたら、その自分との約束を守りましょう。書かなくても、続かなくても、誰にも迷惑はかけませんし、困りません。ですが、望む結果にはたどり着けなくなります。あなた自身との約束を守ってくださいね。

メソッドのなかには、本文で詳しく書いているものもあります。ぜひ参考にしてください。あなたの継続のヒントになりますように。

著 者

戸田美紀 （とだ みき）

エクセルライティング代表。一般社団法人全日本趣味起業協会監事。一般社団法人日本パーソナルブランド協会理事。セールスライター、ブックライター。2005年からビジネス、実用、自己啓発、スピリチュアル等、書籍のライティングを中心に、電子書籍、メールマガジン、ニュースレター、WEBライティングなどを多数手がける。企業のニュースレターでは、セールスライターとして商品やサービスの販売に特化したライティングを手がけ、これまでに数百億円以上の販売に関わる。2023年現在、100冊以上の書籍作りに関わっている。ブログ歴は20年。2009年から始めたアメーバブログのフォロワーが約6500人、記事数は1万記事を超える。ブログでファンを作りつつ、仕事にもつながる自分メディアに育てている。現在は「自分メディアを持つ大切さ」について、個人や企業に対しセミナーや勉強会、コンサルティングで伝え、生徒数は6000人以上。自著は、これまでに3冊。ブログ構築及び文章術のテーマで上梓している。2019年からは、オンラインサロンをスタート。自分メディア構築、及び出版を含むビジネスを育てたい人のサロンとなっている。

アメーバブログ　https://ameblo.jp/miki-coco/

藤沢あゆみ （ふじさわ あゆみ）

作家、1年で100個の夢をかなえる「100いいね！」創始者。2003年初出版、恋愛、人間関係、自己啓発をテーマに、28冊を上梓（2022年現在）。10万部突破2冊。先天的な見た目の症状を抱えつつ、自己肯定感を下げずに人と良好な関係を築く独自の手法を活かし、2001年よりWEBで恋愛、対人関係の相談に多数回答。ライター集団「恋愛マニア」リーダーに就任。メールマガジン発行から活動をスタート。ブログで人気を博し、出版や仕事につなげた経験を元に、2012年よりコンサルティングも行っている。WEB、対面相談3万件超。雑誌『anan』による信頼が置けるカウンセラー20人に選ばれる。2018年、NHKEテレハートネットTV出演、自分にOKを出すあり方が大きな反響を呼ぶ。アメーバオフィシャルブロガー。ブロガー歴20年、読者約7600人。2015年より文章の発信や自己実現をテーマとしたオンラインサロンをスタート。2022年1月、戸田美紀氏と共に、WEBメディア運営、出版に特化した「あゆみき出版メディア相談室オンラインサロン」開設。目標は、生涯100冊出版、後進著者の育成にも携わる。テレビ・ラジオ・雑誌取材多数。ミッションは「魅力がない人はいない」。人生がどんなにマイナスからスタートしても環境を恨まず、自分を磨けばやりたいこともかなえられ、魅力的な人になることを出版や発信を通して体現すると同時に、何があっても乗り切る力を持ち、世の中を明るくできる発信者の育成に力を注ぎ続ける。

アメーバブログ　https://ameblo.jp/motezo

あゆみき出版メディア相談室
オンラインサロンへはこちらから
アクセスできます

バズる！ハマル！売れる！集まる！

「WEB文章術」プロの仕掛け66

2023年 4月 20日　初版発行

著　者	戸田美紀 ©M.Toda 2023
	藤沢あゆみ ©A.Fujisawa 2023
発行者	杉本淳一
発行所	株式会社日本実業出版社　東京都新宿区市谷本村町3-29 〒162-0845

編集部 ☎03-3268-5651
営業部 ☎03-3268-5161　　振 替　00170-1-25349
　　　　　　　　　　　　　https://www.njg.co.jp/

印刷・製本／リーブルテック

ISBN 978-4-534-06006-8　Printed in JAPAN

下記の価格は消費税（10%）を含む金額です。

アクセス、登録が劇的に増える！
「動画制作」プロの仕掛け 52

SNSやYouTubeなどの動画のアクセスを増やす"秘訣"を、元テレビ朝日のプロデューサーが解説。撮影だけではなく、編集する際の「テキスト」「キャッチコピー」「構成」「声」「音楽」「ナレーション」など類書にはない内容にも言及！

鎮目 博道・著
定価 1870 円（税込）

最速で結果を出す 「SNS 動画マーケティング」 実践講座

SNS後発組でも間に合う！　SNSの各動画の手法や、動画とその他SNSを"掛け合わせた"戦略を解説。「ショート／ロング動画の使い分け」「ライブ（ライブコマース含む）」「コミュニティづくり」「高単価商品の売り方」等の全技術を紹介した決定版！

天野裕之・著
定価 2420 円（税込）

「他人に振り回される私」が 一瞬で変わる本
相手のタイプを知って " 伝え方 " を変える コミュニケーション心理学

生まれ持つ気質を中心にイラストで【他人に振り回されない】術を解説。著者はJAL国際線で19年CAを務めながらも過酷な幼少期の体験から"自分、他人との関係"を研究してきた。人間関係（パートナー、コミュニティ、上司部下、親子等）が気になる人へ。

山本千儀・著
定価 1540 円（税込）

定価変更の場合はご了承ください。